浙江省普通高校"十三五"新形态教材

高职高专计算机类专业系列教材——大数据技术与应用系列

高等职业院校大数据技术与应用专业系列新形态教材

数据库管理与应用
立体化教程

张丽娜　汪泽斌　主　编

余俊芳　王　贵　参　编

电子工业出版社

Publishing House of Electronics Industry

北京·BEIJING

内容简介

本书依据专业人才培养标准，以岗位技能提炼学习内容的理念优化课程体系，重构教学内容，采用多元融合的线上线下混合式教学模式，采用任务驱动的编写体例，以学习者获取高阶思维发展和关键能力为目标，旨在创建一种强调认知、技能、情感等全方位参与和发展的一种整体性学习过程。

本书整体设计充分体现线上线下的组合优势，展现课堂内外的有机衔接，强调通过课前、课中和课后三个环节实现知识的不断深化，以期培养学生的深度学习能力，促进学生的知识与应用转化，培养和提升学生的职业素养。

本书可作为大数据、人工智能、信息安全、物联网等相关专业的本、专科教材，也可以作为自学教材，供从事数据库相关工作的科技人员参考学习。

图书在版编目（CIP）数据

数据库管理与应用立体化教程 / 张丽娜，汪泽斌主编. —北京：电子工业出版社，2021.2
ISBN 978-7-121-40550-1

Ⅰ. ①数… Ⅱ. ①张… ②汪… Ⅲ. ①数据库系统—高等学校—教材 Ⅳ. ①TP311.13

中国版本图书馆 CIP 数据核字（2021）第 025156 号

责任编辑：贺志洪

印　　刷：涿州市般润文化传播有限公司
装　　订：涿州市般润文化传播有限公司
出版发行：电子工业出版社
　　　　　北京市海淀区万寿路 173 信箱　邮编　100036
开　　本：787×1092　1/16　印张：16.25　字数：416 千字
版　　次：2021 年 2 月第 1 版
印　　次：2022 年 3 月第 2 次印刷
定　　价：48.00 元

凡所购买电子工业出版社图书有缺损问题，请向购买书店调换。若书店售缺，请与本社发行部联系，联系及邮购电话：（010）88254888，88258888。
质量投诉请发邮件至 zlts@phei.com.cn，盗版侵权举报请发邮件至 dbqq@phei.com.cn。
本书咨询联系方式：（010）88254609 或 hzh@phei.com.cn。

前　言

本书旨在以 SQL Server 为工具，帮助学生掌握关系型数据库设计、数据库管理、数据库开发等知识与技能。

理论目标：数据库的基本概念、数据模型、数据库设计方法等。

实践目标：管理数据库、管理表、管理表数据、查询数据、数据库的完整性管理、数据库的安全管理、数据库管理系统的日常维护等。

特色 1：内容设计有"力"有"度"——围绕教学目标，把握技术深度；重构知识点内容，压缩技术广度；开展局部探究，突破技术难度；着眼实践应用，增强技术效度；挖掘技术思想，提升技术高度。

特色 2：配套精品资源课程（www.zjooc.cn，浙江省精品资源课程共享平台，搜索"数据库管理与应用"即可查询到该课程），课程组织基于 5 个维度——内容丰富有厚度，微课视频有效度，学习任务有精度，课外拓展有深度，复合型教学有温度。课程内容包括 16 个模块，围绕一个具体项目的设计与实现逐步展开，涵盖了数据库设计、数据库管理、数据库开发三个环节。线上学习资源主要包括教学微课 54 个，视频总时长为 400 分钟。另外，考虑到代码与正文描述的一致性，全书字母均用正体。

本书可作为大数据、人工智能、信息安全、物联网等相关专业的本、专科教材，也可以作为自学教材，供从事数据库相关工作的科技人员参考学习。

本书的编写工作得到了浙江省精品资源共享课程建设项目、温州市数字经济特色专业建设项目、浙江省新形态教材建设项目的资助。

感谢参与本书编撰的所有老师，特别是浙江安防大数据专业的陈锋、傅贤君、张莉、徐自力等老师，感谢兄弟院校的大力支持，感谢睿姐和小贝的鼓励！

张丽娜

2021 年 2 月

前言

目 录

任务 1　了解数据库基础知识

【学习目标】

知识目标：

➢ 了解数据库的基本概念；

➢ 理解结构化和非结构化数据的概念；

➢ 了解数据库系统的体系结构；

➢ 了解数据库技术发展的过程。

能力目标：

➢ 深入理解 Data、DB、DBMS、DBS、DBA 的概念；

➢ 能够理解数据库系统的体系结构。

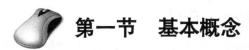

第一节　基本概念

一、数据、信息、数据库

数据和信息是数据处理中的两个基本概念，它们具有不同的含义。

1. 数据（Data）

说起数据，人们首先想到的是数字。其实数字只是最简单的一种数据。数据的种类有很多，在日常生活中数据无处不在，文字、图形、图像、声音、学生的档案记录、货物的运输情况……，这些都是数据。

微课：数据库基本概念

1

为了认识世界、交流信息，人们需要描述事物。数据实际上是描述事物的符号记录。在日常生活中人们直接用自然语言（如汉语）描述事物。在计算机中，为了存储和处理这些事物，就要抽出对这些事物感兴趣的特征并组成一个记录来描述。例如，在学生档案中，如果人们最感兴趣的是学生的姓名、性别、出生年月、籍贯、所在系、入学时间，那么可以描述为：（雷明，男，2002，江苏，计算机系，2020）。

数据与其语义是不可分的。对于上面一条学生记录，了解其语义的人会得到如下信息：雷明是个大学生，2002 年出生，江苏人，2020 年考入计算机系。而不了解其语义的人则无法理解其含义。可见，数据的形式本身并不能完全表达其内容，需要经过语义解释。

2. 信息

信息是一种重要的资源，一般认为，信息是关于现实世界事物的存在方式或运动状态反映的综合。例如，学生在多媒体教室上课，台风级别是 7 级等。

3. 数据处理

数据处理又称信息处理，是将数据转换成信息的过程，包括对数据的收集、存储、加工、检索和传输等一系列活动，其目的是从大量的原始数据中抽取和推导出有价值的信息，并进行各种应用。

我们可简单地用"信息=数据+数据处理"的式子表示信息、数据与数据处理的关系。可以这样来分析：数据可以形象地比喻为原料——输入；信息就像产品——输出；而数据处理是原料变成产品的过程。从这个角度看，"数据处理"的真正含义应该是为了产生信息而进行数据的处理。

4. 数据库（DataBase，DB）

所谓数据库就是存储数据的仓库。一般定义为：长期储存在计算机内的、有组织的、可共享的、统一管理的数据集合。数据库中的数据按一定的数据模型组织、描述和储存，具有较小的冗余度、较高的数据独立性和易扩展性，并可为各种用户共享。

二、数据库管理系统（DBMS）

数据库管理系统（Database Management System）是一种操纵和管理数据库的大型软件，用于建立、使用和维护数据库，简称 DBMS。它对数据库进行统一的管理和控制，以保证数据库的安全性和完整性。用户通过 DBMS 访问数据库中的数据，数据库管理员也通过 DBMS 进行数据库的维护工作。它可以支持多个应用程序，用户也可以采用不同的方法同时或不同时刻去建立、修改和查询数据库。大部分 DBMS 提供数据定义语言 DDL（Data Definition Language）和数据操作语言 DML（Data Manipulation Language），供用户定义数据库的模式结构与权限约束，实现对数据的操作。

数据库管理系统是位于用户与操作系统之间的一层数据管理软件，主要功能如下。

（1）数据定义。DBMS 提供数据定义语言 DDL（Data Definition Language），供用户定义数据库的三级模式结构、两级映像及完整性约束和保密限制等约束。DDL 主要用于建立、修改数据库的库结构。DDL 仅搭建出了数据库的框架，数据库的框架信息被存放在数据字典（Data Dictionary）中。

（2）数据操作。DBMS 提供数据操作语言 DML（Data Manipulation Language），供用户实现对数据的追加、删除、更新、查询等操作。

（3）数据库的运行管理。数据库的运行管理功能是指 DBMS 的运行控制、管理功能，包括多用户环境下的并发控制、安全性检查和存取限制控制、完整性检查和执行、运行日志的组织管理、事务的管理和自动恢复，即保证事务的原子性。这些功能保证了数据库系统的正常运行。

（4）数据组织、存储与管理。DBMS 要分类组织、存储和管理各种数据，包括数据字典、用户数据、存取路径等，需确定以何种文件结构和存取方式在存储级上组织这些数据，如何实现数据之间的联系。数据组织和存储的基本目标是提高存储空间利用率，选择合适的存取方法提高存取效率。

（5）数据库的保护。数据库中的数据是信息社会的战略资源，所以数据的保护至关重要。DBMS 对数据库的保护通过 4 个方面来实现：数据库的恢复、数据库的并发控制、数据库的完整性控制、数据库安全性控制。DBMS 的其他保护功能还有系统缓冲区的管理以及数据存储的某些自适应调节机制等。

（6）数据库的维护。这一部分包括数据库的数据载入、转换、转储、数据库的组合重构以及性能监控等功能，这些功能分别由各个使用程序来完成。

（7）通信。DBMS 具有与操作系统的联机处理、分时系统及远程作业输入的相关接口，负责处理数据的传送。对网络环境下的数据库系统，还应该包括 DBMS 与网络中其他软件系统的通信功能以及数据库之间的互操作功能。

目前常用的 DBMS 有 Microsoft SQL Server、Oracle、MySQL、DB2、Access 等。

三、数据库系统（DataBase System，DBS）

数据库系统是指在计算机系统中引入数据库后的系统，一般由数据库、数据库管理系统（及其开发工具）、应用系统、数据库管理员和用户构成。应当指出的是，数据库的建立、使用和维护等工作只靠一个 DBMS 远远不够，还要有专门的人员来完成，这些人称为数据库管理员（DataDase Administrator，DBA）。数据库系统如图 1-1 所示。

在不引起混淆的情况下人们常常把数据库系统简称为数据库。

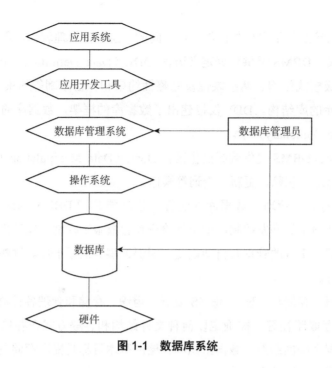

图 1-1　数据库系统

　　数据库管理员，是从事管理和维护数据库管理系统的相关工作人员的统称，属于运维工程师的一个分支，主要负责业务数据库从设计、测试、部署、交付的全生命周期管理。DBA 是极其重要的，即所谓的超级用户。DBA 全面负责管理、控制和维护数据库，使数据能被任何有使用权限的人有效使用。DBA 可以是一个人，也可以是几个人组成的团队。

　　DBA 的核心目标是保证数据库管理系统的稳定性、安全性、完整性和高性能。也有的把 DBA 称作数据库开发工程师（Database Engineer），两者的工作内容基本相同，都是保证数据库服务能够 7×24 小时的稳定高效运转，但是需要区分 DBA 和数据库开发工程师：数据库开发工程师的主要职责是设计和开发数据库管理系统与数据库应用软件系统，侧重于软件研发；DBA 的主要职责是运维和管理数据库管理系统，侧重于运维管理。

　　DBA 主要有以下职责。

　　● 参与数据库设计的全过程，决定整个数据库的结构和信息内容。

　　● 帮助终端用户使用数据库，如培训终端用户，解答终端用户日常使用数据库系统时遇到的问题等。

　　● 定义数据的安全性和完整性，负责分配用户对数据库的使用权和口令管理等，制定数据库访问策略。

　　● 监督和控制数据库的使用与运行，改进和重新构造数据库系统。当数据库受到损坏时，应负责恢复数据库；当数据库的结构需要改变时，完成对数据结构的更新。

　　DBA 不仅要有较高的技术水平和较深的资历，还应具有了解和阐明管理要求的能力。特别对于大型数据库系统，DBA 极为重要。

四、数据库技术

数据库技术是使用计算机管理数据的一门技术。数据库技术所研究的问题是如何科学地组织和存储数据，如何高效地处理数据以获取其内在的信息。数据库技术已经成为先进信息技术的重要组成部分，是现代计算机信息系统和计算机应用系统的基础与核心。数据库技术最初产生于 20 世纪 60 年代中期。根据数据模型的发展，数据库技术可以划分为三个阶段：第一代网状、层次数据库系统；第二代关系数据库系统；第三代以面向对象模型为主要特征的数据库系统。

1. 第一代数据库

第一代数据库的代表是 1969 年 IBM 公司研制的基于层次模型的数据库管理系统 IMS 和 20 世纪 70 年代美国数据库系统语言协会下属数据库任务组（DBTG）提议的网状模型。

层次数据库的数据模型是有根的定向有序树。网状模型对应的是有向图。这两种数据库奠定了现代数据库发展的基础。这两种数据库具有以下共同点。

（1）支持三级模式（外模式、模式、内模式）——保证数据库系统具有数据与应用程序的物理独立性和一定的逻辑独立性。

（2）用存取路径来表示数据之间的联系。

（3）有独立的数据定义语言。

（4）有导航式的数据操纵语言。

2. 第二代数据库

第二代数据库的主要特征是基于关系模型。关系模型具有以下特点。

（1）关系模型的概念单一，实体和实体之间的联系用关系来表示。

（2）以关系数学为基础。

（3）数据的物理存储和存取路径对用户不透明。

（4）关系数据库语言是非过程化的。

典型案例：关系数据库语言，是指 SQL（Structured Query Language，结构化查询语言）。它是一种数据库查询和程序设计语言，用于存取数据以及查询、更新和管理关系数据库系统。SQL 同时也是数据库脚本文件的扩展名。SQL 是高级的非过程化编程语言，允许用户在高层数据结构上工作。它不要求用户指定对数据的存放方法，也不需要用户了解具体的数据存放方式。所以，具有完全不同底层结构的不同数据库系统，可以使用相同的 SQL 语言作为数据输入与管理的接口。

3. 第三代数据库

第三代数据库产生于 20 世纪 80 年代。随着科学技术的不断进步，各个行业领域对数据库技术提出了更多的需求。关系型数据库已经不能完全满足需要，于是产生了第三代数据库。它主要有以下特征。

（1）支持数据管理、对象管理和知识管理。

（2）保持和继承了第二代数据库系统的技术。

（3）对其他系统开放，支持数据库语言标准，支持标准网络协议，有良好的可移植性、可连接性、可扩展性和互操作性等。

第三代数据库支持多种数据模型（比如关系模型和面向对象的模型），并和诸多新技术相结合（比如分布处理技术、云计算技术、大数据技术、区块链技术、人工智能技术、多媒体技术、信息安全技术等），广泛应用于多个领域（商业管理、GIS、计划统计等），由此也衍生出多种新的数据库技术。

分布式数据库：允许用户开发的应用程序，把多个物理分开的、通过网络互联的数据库当作一个完整的数据库看待。

并行数据库：通过集群技术把一个大的事务分散到集群中的多个节点去执行，提高了数据库的吞吐量和容错性。

多媒体数据库：提供了一系列用来存储图像、音频和视频的对象类型，更好地对多媒体数据进行存储、管理、查询。

模糊数据库：是存储、组织、管理和操纵模糊数据的数据库，可以用于处理模糊知识。

典型案例：GIS（Geographic Information System，地理信息系统），有时又称为地学信息系统。它是一种特定的十分重要的空间信息系统。它是在计算机硬件、软件系统支持下，对整个或部分地球表层（包括大气层）空间中的有关地理分布数据进行采集、储存、管理、运算、分析、显示和描述的技术系统。

典型案例：Cluster（集群），是一种较新的技术，通过集群技术，可以在付出较低成本的情况下获得在性能、可靠性、灵活性方面的相对较高的收益，其任务调度是集群系统中的核心技术。集群是一组相互独立的、通过高速网络互联的计算机，它们构成了一个组，并以单一系统的模式加以管理。一个客户与集群相互作用时，集群像是一个独立的服务器。集群配置用于提高数据库系统的可用性和可缩放性。

4. 当代数据库研究的内容

（1）面向对象的数据库技术。部分学者认为现有的关系型数据库无法描述现实世界的实体，而面向对象的数据模型由于吸收了已经成熟的面向对象程序设计方法学的核心概念和基本思想，使得它符合人类认识世界的一般方法，更适合描述现实世界。甚至有专家预言，未来将是面向对象的时代。

面向对象数据库的优点是能够表示复杂的数据模型，但由于没有统一的数据模式和形式化理论，因此缺少严格的数据逻辑基础。而演绎数据库虽有坚强的数学逻辑基础，但只能处理平面数据类型。因此，部分学者将两者结合，提出了一种新的数据库技术——演绎面向对象数据库，并指出这一技术有可能成为下一代数据库技术发展的主流。

（2）非结构化数据库。有研究者认为，针对关系数据库模型过于简单、不便表达复杂的嵌套，以及支持的数据类型有限，从数据模型入手，人们提出了全面基于因特网应用的新型数据库理论（非结构化数据库）。非结构化数据库支持重复字段、子字段、变长字段，并实现了对变长数据和重复字段进行处理与数据项的变长存储管理。这种新型数据库在处理连续信息（包括全文信息）和非结构信息（重复数据和变长数据）时有着传统关系型数据库所无法比拟的优势。但大部分研究者认为此种数据库技术并不会完全取代如今流行的关系数据库，只能作为它们的有益补充。

（3）多媒体数据库。数据库与学科技术的结合将会建立一系列新数据库，如分布式数据库、并行数据库、知识库、多媒体数据库等，这将是数据库技术重要的发展方向。其中，许多研究者都把多媒体数据库作为研究的重点，并认为，多媒体技术和可视化技术引入多媒体数据库将是未来数据库技术发展的热点和难点。

 # 第二节　结构化数据与非结构化数据

结构化数据和非结构化数据是数据的两种类型，这两者之间并不存在真正的冲突。客户如何选择不是基于数据结构而是基于使用它们的应用程序：关系数据库用于结构化数据，大多数其他类型的应用程序用于非结构化数据。

然而，结构化数据分析的难易程度与非结构化数据是不一样的。结构化数据分析是一种成熟技术。而非结构化数据分析是一个新兴的技术，在研发方面有很多新的投资，但不是一项成熟的技术。

一、结构化数据

大多数人都熟悉结构化数据的工作原理。结构化数据，由名称可以看出，是高度组织和整齐格式化的数据。它是可以放入表格中的数据类型。它可能不是人们最容易找到的数据类型，但与非结构化数据相比，却是人们更容易使用的数据类型。

结构化数据也称为定量数据，是能够用数据或统一的结构加以表示的信息，如数字、符号。在项目中，保存和管理这些数据的一般为关系数据库，当使用结构化查询语言 SQL 时，计算机程序很容易搜索这些数据。结构化数据具有明确的关系使得这些数据运用起来十分方便，不过，相对于非结构化数据而言，在商业上的可挖掘空间就比较小。

典型的结构化数据包括信用卡卡号、日期、财务金额、电话号码、地址、产品名称等。

二、非结构化数据

非结构化数据本质上是除结构化数据之外的一切数据。它不符合任何预定义的模型，因此它存储在非关系数据库中，并使用 NoSQL 进行查询。它可能是文本的或非文本的，也可能是人为的或机器生成的。简单地说，非结构化数据就是字段可变的数据。

非结构化数据不容易组织或格式化。收集、处理和分析非结构化数据也是一项重大挑战。这产生了一些问题，因为网络上绝大多数可用数据是非结构化数据，而且它时刻都在增长。随着更多信息在网络上可用，并且大部分信息都是非结构化的，找到使用它的方法已成为许多企业的重要战略。

典型的人为生成的非结构化数据包括以下几种类型。

● 文本文件：文字处理、电子表格、演示文稿、电子邮件、日志。

● 电子邮件：电子邮件由于具有一些内部结构，我们有时将其称为半结构化数据。但是，消息字段是非结构化的，传统的分析工具无法解析它。

● 社交媒体：来自微博、微信、QQ 等平台的数据。

● 网站：YouTube、照片共享网站。

● 移动数据：短信、位置等。

● 通信：聊天、即时消息、电话录音、协作软件等。

● 媒体：MP3、数码照片、音频文件、视频文件。

● 业务应用程序：MS Office 文档、生产力应用程序。

典型的机器生成的非结构化数据包括以下几种类型。

● 卫星图像：天气、地形、军事活动等数据。

● 科学数据：石油和天然气勘探、空间勘探、地震图像等数据。

● 数字监控：监控照片和视频等数据。

● 传感器数据：交通、天气、海洋等传感器数据。

结构化和非结构化数据之间的差异逐渐变得清晰。除了它们分别存储在关系数据库和非关系数据库之外，最大的区别在于分析结构化数据与非结构化数据的便利性。针对结构化数据存在成熟的分析工具，但用于挖掘非结构化数据的分析工具正处于萌芽和发展阶段。

非结构化数据比结构化数据多得多。非结构化数据占企业数据的 80%以上，并且以每年 55%～65%的速度增长。如果没有工具来分析这些海量数据，企业数据的巨大价值都将无法发挥。

随着存储成本的下降，以及新兴技术的发展，行业对非结构化数据的重视程度越来越高。比如物联网、工业 4.0、视频直播产生了更多的非结构化数据，而人工智能、机器学习、语义分析、图像识别等技术方向则更需要大量的非结构化数据来开展工作。

非结构化数据的优势主要体现在以下几个方面。

（1）蕴藏着大量的价值。有些企业正投资大笔资金分析结构化数据，在非结构化数据中蕴藏着有用的信息宝库，利用数据可视化工具分析非结构化数据能够帮助企业快速地了解现状、显示趋势并且识别新出现的问题。

（2）不需要依靠数据科学家团队。分析数据不需要一个专业性很强的数学家或数据科学团队，公司也不需要专门聘请 IT 精英去处理数据。真正的分析发生在用户决策阶段，即管理一个特殊产品细分市场的部门经理，可能是负责寻找最优活动方案的市场营销者，也可能是负责预测客户群体需求的总经理。终端用户有能力，也有权利和动机去改善商业实践，并且视觉文本分析工具可以帮助他们快速识别最相关的问题，及时采取行动，而这些都不需要依靠数据科学家。

（3）终端用户授权。正确的分析需要将机器计算和人类解释相结合。机器进行大量的信息处理，而终端客户利用他们的商业头脑，在已发生的事实的基础上决策出最好的实施方案。终端客户必须清楚地知道哪一个数据集是有价值的，他们应该如何采集并将他们获取的信息更好地应用到商业领域。此外，一个公司的工作就是使终端用户尽可能地收集到更多相关的数据并尽可能地根据这些数据中的信息做出最好的决策。

很明显，非结构化数据分析可以用来创造新的竞争优势。新的前沿可视化工具使用户容易解释，让他们在单击几下鼠标之后就能清楚地了解情况。从非结构化的数据源中挖掘信息从来就没有像这样简单。

 ## 第三节　数据库系统的结构

一、数据库系统的体系结构

数据库系统的结构分为单用户、主从式结构、分布式结构和客户/服务器结构。

1. 单用户数据库系统

单用户数据库系统是一种早期的最简单的数据库系统。在单用户系统中，整个数据库系统，包括应用程序、DBMS、数据，都装在一台计算机上，由一个用户独占，不同机器之间不能共享数据。

例如，一个企业的各个部门都使用本部门的机器来管理本部门的数据，各个部门的机器是独立的。由于不同部门之间不能共享数据，因此企业内部存在大量的冗余数据。例如，人事部门、会计部门、技术部门必须重复存放每一名职工的一些基本信息。

2. 主从式结构的数据库系统

主从式结构是指一个主机带多个终端的多用户结构。在这种结构中，数据库系统，包括应用程序、DBMS、数据，都集中存放在主机上，所有处理任务都由主机来完成，各个用户通过主机的终端并发地存取数据库，共享数据资源。

主从式结构的优点是简单，数据易于管理与维护。缺点是当终端用户数目增加到一定程度后，主机的任务会过分繁重，成为瓶颈，从而使系统性能大幅度下降。另外，当主机出现故障时，整个系统都不能使用，因此系统的可靠性不高。

3. 分布式结构的数据库系统

分布式结构的数据库系统是指数据库中的数据在逻辑上是一个整体，但物理地分布在计算机网络的不同节点上。网络中的每个节点都可以独立处理本地数据库中的数据，执行局部应用；同时，也可以同时存取和处理多个异地数据库中的数据，执行全局应用。

分布式结构的数据库系统是计算机网络发展的必然产物，它适应了地理上分散的公司、团体和组织对于数据库应用的需求。但数据的分布存放，给数据的处理、管理与维护带来了困难。此外，当用户需要经常访问远程数据时，系统效率会明显地受到网络带宽的制约。

4. 客户/服务器结构的数据库系统

主从式结构的数据库系统中的主机和分布式结构的数据库系统中的每个节点计算机都是一个通用计算机，既执行功能又执行应用程序。随着工作站功能的增强和广泛使用，人们开始把 DBMS 功能和应用分开，网络中某个（些）节点上的计算机专门用于执行功能，称为数据库服务器，简称服务器，其他节点上的计算机安装 DBMS 的外围应用开发工具，支持用户的应用，称为客户机，这就是客户/服务器结构的数据库系统。

在客户/服务器结构中，客户端的用户请求被传送到数据库服务器，数据库服务器进行处理后，只将结果返回给用户（而不是整个数据），从而显著减少了网络上的数据传输量，提高了系统的性能、吞吐量和负载能力。

另一方面，客户/服务器结构的数据库往往更加开放。客户与服务器一般都能在多种不同的硬件和软件平台上运行，可以使用不同厂商的数据库应用开发工具，应用程序具有更强的可移植性，同时也可以减少软件维护开销。

二、数据库管理系统的功能结构

1. DBMS 功能

由于不同 DBMS 要求的硬件资源、软件环境是不同的，因此其功能与性能也存在差异，但一般说来，DBMS 的功能主要包括以下 6 个方面。

（1）数据定义。数据定义包括定义构成数据库结构的模式、存储模式和外模式，定义外模式与模式之间的映射，定义模式与存储模式之间的映射，定义有关的约束条件。例如，为保证数据库中数据具有正确语义而定义的完整性规则，为保证数据库安全而定义的用户口令和存取权限等。

（2）数据操纵。数据操纵包括对数据库数据的检索、插入、修改和删除等基本操作。

（3）数据库运行管理。对数据库的运行进行管理是 DBMS 运行时的核心部分，包括对数据库进行并发控制、安全性检查、完整性约束条件的检查和执行、数据库的内部维护（如索引、数据字典的自动维护）等。所有访问数据库的操作都要在这些控制程序的统一管理下进行，以保证数据的安全性、完整性、一致性以及多用户对数据库的并发使用。

（4）数据组织、存储和管理。数据库中通常存放多种数据，如数据字典、用户数据、存取路径等，DBMS 负责分门别类地组织、存储和管理这些数据，确定以何种文件结构和存取方式物理地组织这些数据，如何实现数据之间的联系，以便提高存储空间利用率以及查找、增、删、改等操作的时间效率。

（5）数据库的建立和维护。建立数据库包括数据库初始数据的输入与数据转换等。维护数据库包括数据库的转存与恢复、数据库的重组织与重构造、性能的监视与分析等。

（6）数据通信接口。DBMS 需要提供与其他软件系统进行通信的功能。例如，提供与其他 DBMS 或文件系统的接口，从而能够将数据转换为另一个 DBMS 或文件系统能够接收的格式，或者接收其他 DBMS 或文件系统的数据。

2. DBMS 的组成

DMS 是由许多程序所组成的一个大型软件系统，每个程序都有自己的功能，共同完成 DBMS 的一个或几个工作。一个完整的 DBMS 通常应由以下部分组成。

（1）语言编译处理程序。语言编译处理程序包括以下两个程序：①数据定义语言 DDL 编译程序。它把用 DDL 编写的各级源模式编译成各级目标模式。这些目标模式是对数据库结构信息的描述，它们被保存在数据字典中，供数据操纵控制时使用。②数据操纵语言 DML 编译程序。它将应用程序中的 DML 语句转换成可执行程序，实现对数据库的查询、插入、修改等基本操作。

（2）系统运行控制程序。系统运行控制程序主要包括：①系统总控程序，用于控制和协调各程序的活动，它是 DBMS 运行程序的核心；②安全性控制程序，用于防止未被授权的用户存取数据库中的数据；③完整性控制程序，用于检查完整性约束条件，确保进入数据库中的数据的正确性、有效性和相容性；④并发控制程序，用于协调多用户、多任务环境下各应用程序对数据库的并发操作，保证数据的一致性；⑤数据存取和更新程序，用于实施对数据库数据的查询、插入、修改和删除等操作；⑥通信控制程序，用于实现用户程序与 DBMS 间的通信。

此外，还有事务管理程序、运行日志管理程序等。所有这些程序在数据库系统运行过程中协同操作，监视着对数据库的所有操作，控制、管理数据库资源等。

（3）系统建立、维护程序。系统建立、维护程序主要包括：①装配程序，用于完成初始数据库的装入；②重组程序，当数据库系统性能降低时（如查询速度变慢），需要重新组织数据库，重新装入数据；③系统恢复程序，当数据库系统受到破坏时，将数据库系统恢复到以前某个正确的状态。

（4）数据字典系统程序。管理数据字典，实现数据字典功能。在数据库中，DBMS 与操作系统、应用程序、硬件等协调工作，共同完成数据各种存取操作，其中 DBMS 起着关键的作用。

三、数据库系统的模式结构

1. 数据库系统的三级模式结构

数据库系统的三级模式结构是指数据库系统是由外模式、模式和内模式三级构成的，如图 1-2 所示。

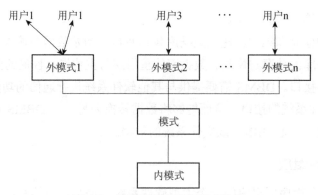

图 1-2 据库系统的三级模式结构

（1）模式。模式也称逻辑模式，是数据库中全体数据的逻辑结构和特征的描述，是所有用户的公共数据视图，它是数据库系统模式结构的中间层，不涉及数据的物理存储细节和硬件环境，与具体的应用程序、所使用的应用开发工具及高级程序设计语言无关。

实际上，模式是数据库数据在逻辑级上的视图。一个数据库只有一个模式。数据库模式以某一种数据模型为基础，统一综合地考虑了所有用户的需求，并将这些需求有机地结合成一个逻辑整体。定义模式时不仅要定义数据的逻辑结构。例如，数据记录由哪些数据项构成，数据项的名字、类型、取值范围等，而且要定义与数据有关的安全性、完整性要求，定义这些数据之间的联系。

（2）外模式。外模式也称子模式或用户模式，它是数据库用户（包括应用程序和最终用户）看见和使用的局部数据的逻辑结构和特征的描述，是数据库用户的数据视图，是与某一应用有关的数据的逻辑表示。

外模式通常是模式的子集。一个数据库可以有多个外模式。由于它是各个用户的数据视图，如果不同的用户在应用需求、看待数据的方式、对数据保密的要求等方面存在差异，它们的外模式描述就是不同的。即使对模式中同一数据，在外模式中的结构、类型、长度、保密级别等都可以不同。另一方面，同一外模式也可以为某一用户的多个应用系统所使用，但一个应用程序只能使用一个外模式。

外模式是保证数据库安全性的一个有力措施。每个用户只能看见和访问所对应的外模式中的数据，数据库中的其余数据对他们来说是不可见的。

（3）内模式。内模式也称存储模式，它是数据物理结构和存储结构的描述，是数据在数据库内部的表示方式。例如，记录的存储方式是顺序存储、按照 B 树结构存储还是按 HASH 方法存储；索引按照什么方式组织；数据是否压缩存储，是否加密；数据的存储记录结构有何规定等。一个数据库只有一个内模式。

2. 数据库的二级映像功能与数据独立性

数据库系统的三级模式对应数据的三个抽象层次，它把数据的具体组织留给 DBMS

管理，使用户能逻辑地、抽象地处理数据，而不必关心数据在计算机中的具体表示方式与存储方式。为了能够在内部实现这三个抽象层次的联系和转换，数据库系统在这三级模式之间提供了两层映像：外模式/模式映像和模式/内模式映像。正是这两层映像保证了数据库系统中的数据能够具有较高的逻辑独立性和物理独立性。

模式描述的是数据的全局逻辑结构，外模式描述的是数据的局部逻辑结构，对应于同一个模式可以有任意多个外模式。对于每个外模式，数据库系统都有一个外模式/模式映像，它定义了该外模式与模式之间的对应关系。这些映像定义通常包含在各自外模式的描述中。当模式改变时（例如，增加新的数据类型、新的数据项、新的关系等），由数据库管理员对各个外模式/模式的映像做相应改变，可以使外模式保持不变，从而应用程序不必修改，保证了数据的逻辑独立性。

数据库中只有一个模式，并只有一个内模式，所以模式/内模式映像是唯一的，它定义了数据全局逻辑结构与存储结构之间的对应关系。例如，说明逻辑记录和字段在内部是如何表示的。该映像定义通常包含在模式描述中。当数据库的存储结构改变了（例如，采用了更先进的存储结构），由数据库管理员对模式/内模式映像做相应改变，可以使模式保持不变，从而保证了数据的物理独立性。

项目实践

本项目的任务是开发一个简单的学生成绩管理系统，系统界面和功能如图 1-3 所示，采用 C#+SQL Server 2008 实现。

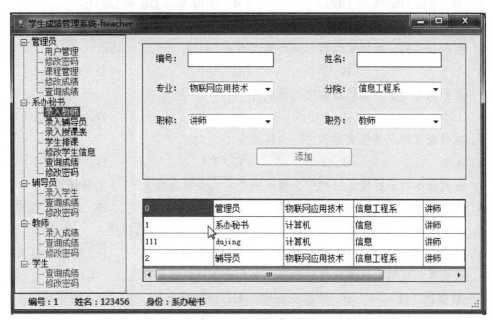

图 1-3　系统界面

项目详细介绍请扫描二维码观看。

项目实践：学生
成绩管理系统
功能演示

实训

一、填空题

1．数据库的英文缩写是_____，数据库管理系统的英文缩写是_____，数据库系统的英文缩写是_____。

2．数据库管理系统是专门用于管理数据库的计算机系统_____。

3．数据库是长期存储在计算机内的有组织、可共享的数据_____。

4．数据管理技术经历了_____、_____、_____三个发展阶段。

5．简单地说，数据库系统包括硬件、_____和_____。

6．数据库系统中担任系统日常维护工作、保证系统正常运行的角色称为_____。

7．数据库的模式结构有_____级，分别包括外模式、_____、_____。

8．三级模式结构通过_____建立联系，同时也保证了数据的独立性，从而保证了应用程序的相对独立性。其中数据独立性包括_____独立性和_____独立性。

9．外模式/模式映像，保证的是数据的_____独立性；模式/内模式映像，保证的是数据的_____独立性。

二、单选题

1．数据库（DB）、数据库管理系统（DBMS）、数据库系统（DBS）三者之间的关系（　　　）。

A．DB 包括 DBMS 和 DBS　　　　　　B．DBS 包括 DB 和 DBMS

C．DBMS 包括 DB 和 DBS　　　　　　D．DBS 包括 DB 或 DBMS

2．在数据库的三级模式结构中，外模式有（　　　）。

A．1个　　　　　B．2个　　　　　C．3个　　　　　D．任意多个

3．在数据库的三级模式结构中，模式有（　　　）。

A．1个　　　　　B．2个　　　　　C．3个　　　　　D．任意多个

4．在数据库的三级模式结构中，内模式有（　　　）。

A．1个　　　　　B．2个　　　　　C．3个　　　　　D．任意多个

5．在数据库的三级模式结构中，模式和外模式是对数据（　　）的描述。

A．物理结构　　　B．逻辑结构　　　C．线性结构　　　D．非线性结构

6．在数据库的三级模式结构中，内模式是对数据（　　）的描述。

A．物理结构　　　B．逻辑结构　　　C．线性结构　　　D．非线性结构

7．数据三级模式体系结构的划分，有利于保持数据库的（　　　）。

A．数据独立性　　B．数据安全性　　C．结构规范化　　D．操作可行性

8．数据库系统中，物理数据独立性是指（　　　）。

A．数据库与数据库管理系统的相互独立

B．应用程序与 DBMS 的相互独立

C．应用程序与存储在磁盘上数据库的物理模式是相互独立的

D．应用程序与数据库中数据的逻辑结构相互独立

9．下面列出的条目中，哪个不是数据库技术的主要特点（　　）。

A．数据的结构化　　　　　　　　B．较高的数据独立性

C．数据的冗余度小　　　　　　　D．程序的标准化

三、简答题

1．简单解释以下概念：Data、DB、DBMS、DBS、DBA。

2．简述数据库管理系统的功能。

3．简单说明结构化数据和非结构化数据的特点。

任务 2　熟悉 SQL Server

知识目标：

➢ 了解 SQL Server 的功能；

➢ 熟悉 SQL Server 的数据库对象；

能力目标：

➢ 能够安装 SQL Server 并进行环境配置；

➢ 能够使用 SQL Server 管理数据库和表。

数据库结构：

➢ 学生（学号、姓名、性别、年龄、所在系、总学分）；

➢ 课程（课程号、课程名、学分、先行课）；

➢ 选课（学号、课程号、成绩）。

 第一节　SQL Server 的发展历史

一、SQL 的发展

SQL（Structured Query Language），是一种查询和程序设计语言，用于存取、查询、更新、管理数据。最早它是圣约瑟研究实验室为其 SYSTEMR 开发的一种查询语言，它的前身是 SQUARE 语言。SQL 结构简洁、功能强大、简单易学，所以自从 IBM 公司 1981 年推出以来，SQL 得到了广泛的应用。

16

SQL Server 是一个 DBMS。它最初是由 Microsoft、Sybase 和 Ashton-Tate 三家公司共同开发的，于 1988 年推出了第一个 OS/2 版本。在 Windows NT 推出后，Microsoft 与 Sybase 在 SQL Server 的开发上就分道扬镳了，Microsoft 将 SQL Server 移植到 Windows NT 系统上，专注于开发和推广 SQL Server 的 Windows NT 版本。Sybase 则较专注于 SQL Server 在 UNIX 上的应用。数据库引擎是 SQL Server 系统的核心服务，负责完成数据的存储、处理和安全管理。

目前，在市场上常用的三大数据库管理系统是 Oracle、DB2、SQL Server，其中 SQL Server 是发展最快的关系数据库管理系统，市场份额为 70%。SQL Server 是一个基于 C/S 模式的新一代大型数据库管理系统。它在电子商务、数据仓库和数据库解决方案等应用中起着重要的作用，为企业的数据管理提供强大的支持，对数据库中的数据提供有效的管理，并采用有效的措施实现数据的完整性及数据的安全性。

1974 年，SQL Server 由 Boyce 和 Chamberlin 提出。

1988 年，SQL Server 由微软与 Sybase 共同开发。

1993 年，SQL Server 提供桌面数据库系统，虽然功能较少，但它与 Windows 集成并易于使用界面操作。

1994 年，Microsoft 与 Sybase 在数据库开发方面的合作中止。

1995 年，SQL Server 6.0 重写了核心数据库系统，提供低价小型商业应用数据库解决方案。

1996 年，SQL Server 6.5 问世。

1998 年，SQL Server 7.0 问世，它提供中小型商用数据库方案，包含了初始的 Web 支持，从此，SQL Server 开始广泛应用。

2000 年，SQL Server 2000 企业级数据库系统问世，它包含了三个组件（DB、OLAP、English Query），丰富了前端工具，完善了开发工具，并支持 XML。该版本被逐渐广泛应用。

2005 年，SQL Server DBMS 2005 是 SQL Server 历时 5 年的重大变革。

2008 年，SQL Server 2008 问世，后面陆续推出 SQL Server 2012、SQL Server 2014、SQL Server 2016、SQL Server 2017 等。

二、SQL 的常用版本

SQL Server 2000：由 Microsoft 公司推出，该版本继承前几个版本的优点，同时又增加了许多更先进的功能，具有使用方便、可伸缩性好、与相关软件集成程度高等优点，可跨越多种平台使用。

SQL Server 2005：是一个全面的数据库管理平台，使用集成的商业智能（BI）工具，提供了企业级的数据管理。SQL Server 2005 数据库引擎为关系型数据和结构化数据提供了更安全可靠的存储功能，可以构建和管理用于业务的高可用和高性能的数据的应用程序。SQL Server 2005 不仅可以有效地执行大规模联机事务处理，而且可以完成数据仓库和电子商务应用等许多具有挑战性的工作。SQL Server 2005 数据引擎是本企业数据管理解决方案的核心。此外 SQL Server 2005 结合了分析、报表、集成和通知功能，这使用户可以构建和部署经济有效的 BI 解决方案，帮助团队通过记分卡、DashboarD．Web Services 和移动设备将数据应用推向业务的各个领域。

SQL Server 2008：是一个重大的产品版本，它推出了许多新的特性和关键的改进。目前，市场上使用最多的版本也是 SQL Server 2008。所以，本书案例均为在 SQL Server 2008 环境下实现。

第二节 SQL Server 的安装与使用环境

一、安装 SQL Server 2008

首先下载 SQL Server 2008 压缩文件，请注意按照操作系统（64位或 32 位）选择对应的安装包。在 Windows 7 系统下安装 SQL Server 2008 时，可能会多次遇到提示兼容性问题的情况，此时不用理会，直接运行程序即可，具体操作如表 2-1 所示。

操作演示：安装 SQL Server 2008

表 2-1 安装 SQL Server2008 操作步骤

单击"全新安装或现有安装添加功能"选项，之后一直单击"下一步"按钮	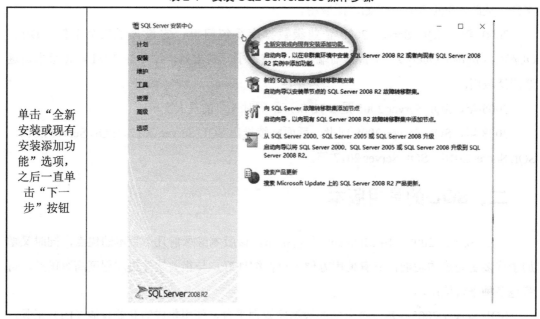

续表

<table>
<tr><td>选中全部要安装的组件</td><td></td><td>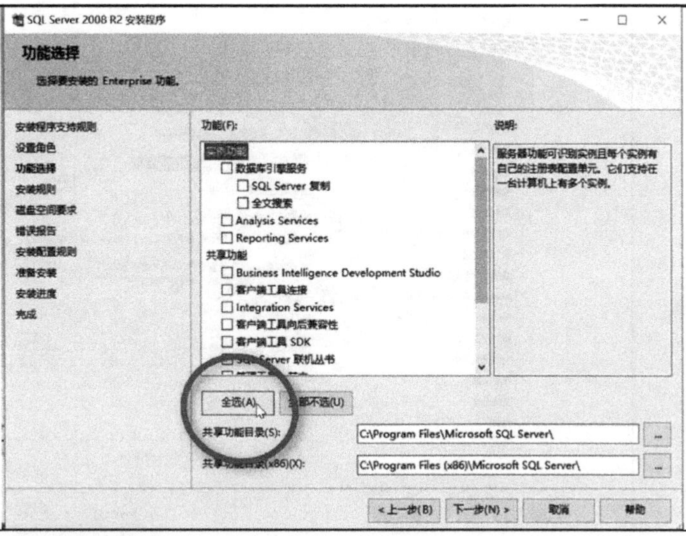</td></tr>
<tr><td>选中“默认实例”单选按钮</td><td></td><td>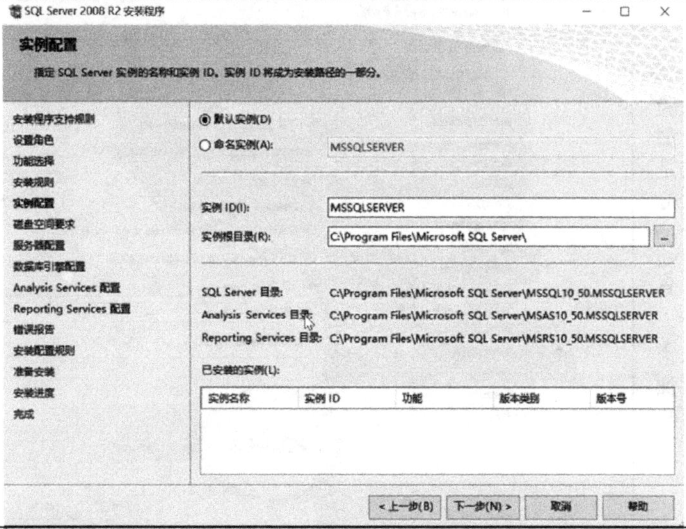</td></tr>
<tr><td>服务器配置，请按照图示，在相应的下拉列表中选择用户名</td><td></td><td>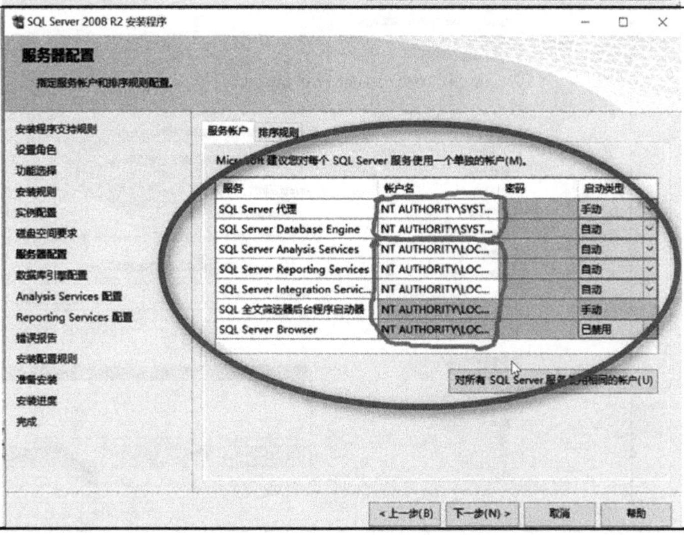</td></tr>
</table>

数据库管理与应用立体化教程

选择身份验
证模式，如
果选中的是
"混合模式
（SQL Server
身份验证和
Windows 身
份验证）"，
则需输入密
码，并添加
当前用户

可以更改"配置文件路径",确认后单击"安装"按钮	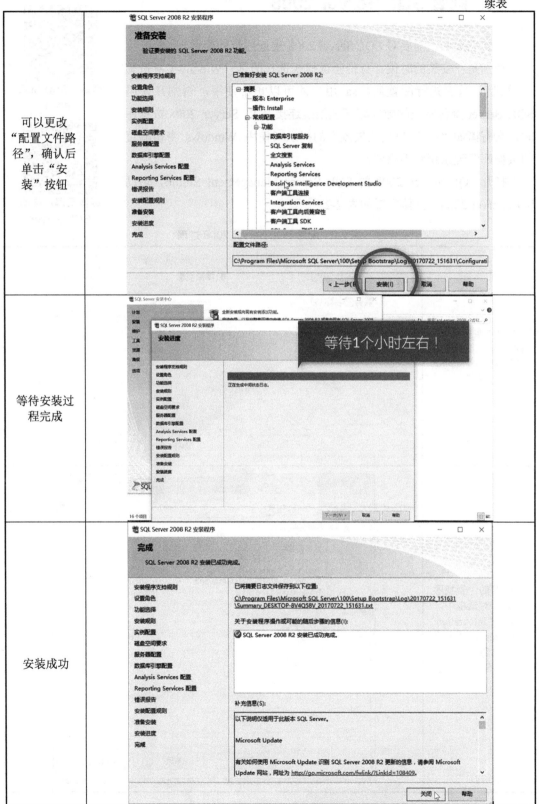
等待安装过程完成	
安装成功	

二、配置 SQL Server 2008

安装完成后，需要对 SQL Server 2008 进行适当的配置。

特别是在安装的时候，身份验证模式选择的是"Windows 身份验证模式"，只有进行配置后，sa 用户才可以正常使用，否则在使用 SQL Server 身份验证的数据库管理系统连接 SQL Server 2008 数据库时，会有诸如"sa 用户登录失败"的提示（使用 Windows 身份验证的数据库管理系统则不需要）。

打开 SQL Server 2008 的 SQL Server Management Studio，启动 SQL Server 2008。具体配置如表 2-2 所示。

微课：启动 SQL Server

微课录屏：启动 SQL Server

表 2-2 配置 SQL Server 2008 过程

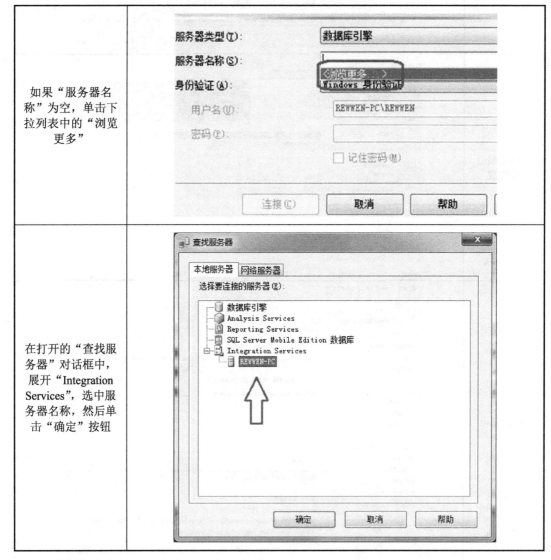

| 如果"服务器名称"为空，单击下拉列表中的"浏览更多" | |
| 在打开的"查找服务器"对话框中，展开"Integration Services"，选中服务器名称，然后单击"确定"按钮 | |

在"服务器类型"中选择"数据库引擎",然后单击"连接"按钮	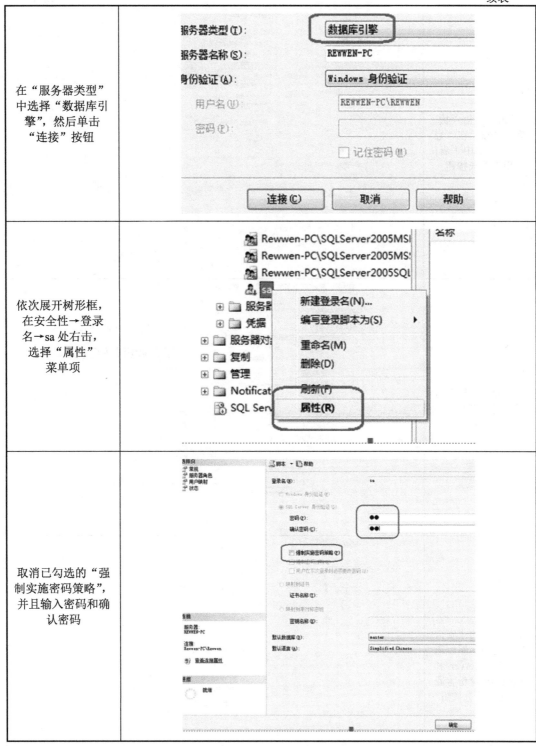
依次展开树形框,在安全性→登录名→sa 处右击,选择"属性"菜单项	
取消已勾选的"强制实施密码策略",并且输入密码和确认密码	

单击左上角"状态"选项，在"登录"处选中"启用"单选按钮	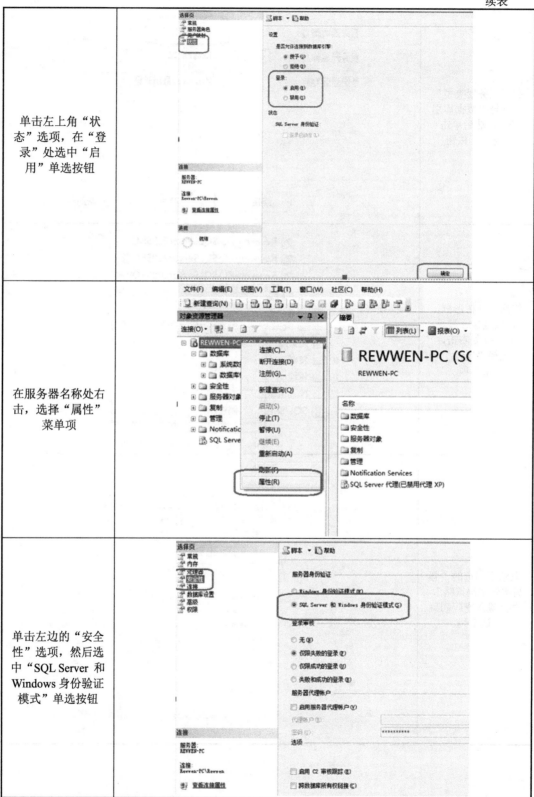
在服务器名称处右击，选择"属性"菜单项	
单击左边的"安全性"选项，然后选中"SQL Server 和 Windows 身份验证模式"单选按钮	

在服务器名称处右击，选择"重新启动"菜单项，重启后，完成配置	

 第三节 使用 SQL Server 管理表与表数据

一、用 SQL Server 管理数据库

1. 创建数据库

（1）启动"SQL Server Management Studio"，使用默认的配置连接到数据库服务器，系统默认打开对象资源管理器。

（2）在"对象资源管理器"中选择"数据库"，右击，选择"新建数据库"菜单项（见图 2-1），打开"新建数据库"窗口。

微课：可视化方式
管理数据库

微课录屏：可视化
方式创建数据库

图 2-1 "新建数据库"菜单项

（3）"新建数据库"窗口的左上方共有三个选项页："常规"、"选项"和"文件组"。在"常规"选项页的"数据库名称"文本框中填写要创建的数据库名称（数据库逻辑名，

操作数据库时采用该文件名），其他属性按默认值设置，如图 2-2 所示。

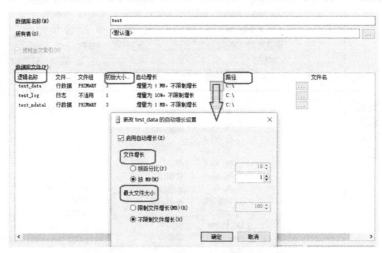

图 2-2　"新建数据库"窗口设置属性

【说明】

● 文件存放位置：单击"路径"标签栏右面的按钮来自定义路径。

● 文件名：系统默认的行数据文件的主文件名与数据库逻辑名称相同，日志文件会加上"_log"。在"文件名"文本框中，用户自己确定数据库文件名。

● 文件组：数据库可包含若干个行数据文件和日志文件，通过文件组进行组织。

● 初始大小：系统默认行数据文件初始大小为 5MB，日志文件为 1MB，用户可以进行修改。当数据库的存储空间大于初始大小时，数据库文件会按照指定的方法自动增长。

● 增长方式：单击"自动增长"标签栏右面的按钮，弹出对话框，可以选择增长方式。

至此，数据库已经创建完成了。此时，可以在"对象资源管理器"窗口的"数据库"下找到数据库，在指定的目录下找到对应的文件——数据文件和日志文件。

需要注意的是，日志文件的增长量最好设置为限制大小，如果无限制，后续日志文件太大会导致程序报错。限制日志文件大小之后，再设置存储空间容量上限，日志内容存储的都是最近的数据，超过之后会自动删除。

2. 修改数据库

选择需要修改的数据库→右击→选择"属性"菜单项，打开"数据库属性"窗口。如果需调整增长方式，可以单击"自动增长"栏的按钮，打开"更改数据库的自动增长设置"对话框，修改文件增长的方式和最大文件大小，如图 2-3 所示。

微课录屏：修改
数据库

（1）"文件"选项卡：增加或删除文件。一个数据库可包含一个主数据文件和若干个辅助数据文件，当数据库中的某些辅助数据文件不再需要时，应及时将其删除。但不能删除主数据文件，因为主数据文件中存放着数据库的主要信息和启动信息，若将其删除，数据库将无法启动。

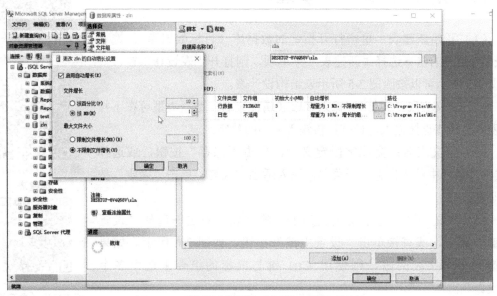

图 2-3　"数据库属性"窗口修改数据库属性

（2）"文件组"选项卡：增加或删除文件组。从系统管理策略出发，有时可能需要增加或删除文件组。当增加了文件组后，就可以在"文件"选项卡中，对新增文件组加入数据文件。

（3）数据库重命名。在"对象资源管理器"中选择要重命名的数据库→右击→选择"重命名"菜单项，输入新的数据库名称即可更改数据库的名称。

3．删除数据库

对一些不需要的数据库应该及时删除，以释放被其占用的系统空间。可以利用图形向导方式轻松地完成数据库的删除工作。在"对象资源管理器"中选择要删除的数据库→右击→在快捷菜单中选择"删除"命令（见图 2-4），系统打开"删除对象"对话框，单击右下角的"确定"按钮即可删除数据库。

图 2-4　删除数据库

微课录屏：删除
数据库

二、用 SQL Server 管理表

（1）开始新建表：单击打开指定的数据库（目标数据库），选中"表"项目→右击→选择"新建表"菜单项，则打开"表设计"窗口，如图 2-5 所示可以按照图 2-5 所示表结构设计表。

（2）定义字段（属性）：输入字段（属性）名，数据类型可在下拉列表中选择或直接输入，长度直接输入适当的数字。

（3）定义表名：完成字段定义后，单击"保存"按钮，或选择"文件"菜单中的"保存"子菜单，输入适当的表名，单击"确定"按钮即可。

（4）定义主键：选中要定义为主键的字段→右击→选择"设置主键"命令，或直接单击"设置主键"按钮，如图 2-6 所示。如果主键为多个字段的组，则使用 Ctrl 键与鼠标的组合来选中多个字段。

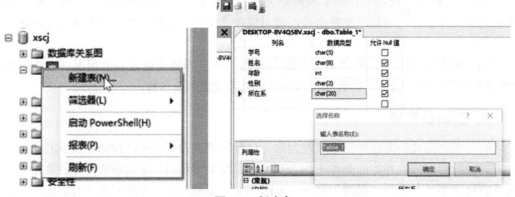

图 2-5　新建表

图 2-6　定义主键

（5）定义外码：选中要定义为外码的字段→右击→选择"关系"菜单项，单击"新建"按钮→弹出"表和列"对话框，如图 2-7 所示。

主键表：被参照表。

外键表：外表字段所在的表。

选择正确的主键表，并在主键表下面的列表中选择正确的主键字段名。选择正确的外键表，并在外键表下选择正确的外键字段名。主键字段与外键字段要求类型相同，长度相同，而且要求主键字段必须在主键表（被参照表）中是主码，否则无法完成定义。

关系名：外码名，一般定义格式为 FK_外键表名_主键表名_外键字段名_主键字段名。

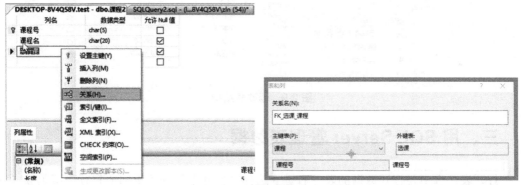

图 2-7　定义外码

（6）定义 CHECK 约束：选中要定义为 CHECK 约束的字段→右击→选择"Check 约束"命令，在打开的"CHECK 约束"对话框中单击"新建"按钮。在打开的"CHECK 约束表达式"对话框的"表达式"输入框中输入正确的关系表达式，如学生的性别表达式（性别='女' or 性别='男'），如图 2-8 所示。

微课录屏：可视化
方式实现表的约束

约束名的一般格式为：CK_表名_字段名。

图 2-8　CHECK 约束

（7）修改表结构：选中要修改结构的表→右键→选择"设计"菜单项，在打开的窗口中进行表结构的修改，如图 2-9 所示。

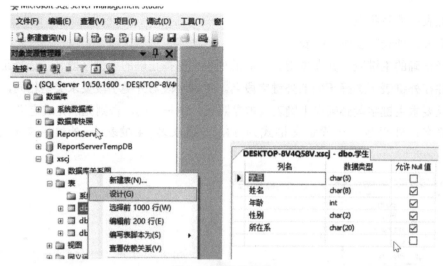

图 2-9 修改表结构

三、用 SQL Server 管理表数据

微课：可视化方式
管理表数据

打开表：选中要打开数据的表→右键→选择"打开表"→"返回所有行"菜单项（或在操作菜单中选择）。

录入数据：在表格的空白处直接输入即可。

修改表中的数据：直接在要修改的单元格中修改即可，若字段类型为 Char，则其内容后面的空格可能会造成数据长度过长，应先将空格删除。

删除表中的一行数据：将要删除的一行选中→右击→选择"删除"菜单项。

删除表中的多行数据：使用 Ctrl 键与鼠标的组合选中多行数据→右击→选择"删除"菜单项。

如果表中定义了外键和约束，则表和表之间存在参照关系，表内存在约束，在插入、修改、删除表的时候需要特别注意以下两点。

（1）注意参照关系。

插入数据：先插入被参照表的数据，再插入参照表的数据。

修改数据：先修改被参照表的数据，再修改参照表的数据。

删除数据：先删除参照表的数据，再删除被参照表的数据。

微课录屏：可视化
管理表数据（增删
改查）

（2）注意表中各种约束。如果操作的时候，操作结果违背了之前的约束，则该操作将不被允许。

四、SQL Server 数据库及其管理工具

1. SQL Server 的数据库

按照模式级别数据库可以分为物理数据库和逻辑数据库。物理数据库由构成数据库的

物理文件构成。一个物理数据库中至少有一个数据文件和一个日志文件。逻辑数据库是指数据库中用户可视的表或视图。

SQL Server 数据库按照创建的对象不同分为两类：系统数据库和用户数据库。系统数据库是安装时系统自带的数据库。用户数据库为使用者自己创建的数据库。

系统数据库存储有关 SQL Server 的系统信息，它们是 SQL Server 管理数据库的依据，支撑着数据库管理系统的正常运行。如果系统数据库遭到破坏，SQL Server 将不能正常启动。在安装 SQL Server 2008 时，系统将创建 4 个可见的系统数据库，如 master、model、msdb 和 tempdb。

（1）master 数据库：其中记录了所有系统信息、登录账号、系统配置设置、系统中所有数据库及其系统信息、存储介质信息等。master 数据库的数据文件为 master.mdf，日志文件为 mastlog.ldf。

（2）model 数据库：此系统数据库是为用户创建数据库时提供的模板数据库，每个新建的数据库都是在一个 model 数据库的副本上扩展而生成的，所以对 model 数据库的修改一定要小心。model 数据库的数据文件为 model.mdf，日志文件为 modellog.ldf。

（3）msbd 数据库：msdb 数据库主要用于存储任务计划信息、事件处理信息、备份恢复信息以及异常报告等。msdb 数据库的数据文件为 msdbdata.mdf，日志文件为 msdblog.ldf。

（4）tempdb 数据库：tempdb 数据库存放所有临时表和临时的存储程序，并且供存放目前使用中的表，它是一个全局的资源，临时表和存储程序可供所有用户使用。每次启动 SQL Server 时 tempdb 数据库会自动重建并且重设为默认大小，使用中它会依需求自动增长。

2. SQL SERVER 的管理工具

SQL Server 2008 安装后，可在"开始"菜单中查看安装了哪些工具。另外，还可以使用它所提供的图形化工具和命令，并使用这些工具进一步配置 SQL Server 2008。表 2-3 列举了用来管理 SQL Server 2008 的管理工具及其功能。

表 2-3 SQL Server 的管理工具及其功能

管理工具	功能
SQL Server Management Studio	用于编辑和执行查询，并用于启动标准向导任务
SQL Server Profiler	提供用于监视 SQL Server 数据库引擎实例或 Analysis Services 实例的图形用户界面
数据库引擎优化顾问	以协助创建索引、索引视图和分区的最佳组合
SQLServer Business Intelligence Development Studio	用于 Analysis Services 和 Integration Services 解决方案的集成开发环境
Notification Services 命令提示	从命令提示符管理 SQL Server 对象
SQL Server Configuration Manager	SQL Server 配置管理器，管理服务器和客户端网络配置设置
SQL Server 外围应用配置器	包括服务和连接的外围应用配置器与功能的外围应用配置器。使用 SQL Server 外围应用配置器，可以启用、禁用、开始或停止 SQL Server 2008 安装的一些功能、服务和远程连接。可以在本地和远程服务器中使用 SQL Server 外围应用配置器

续表

管理工具	功能
Import and Export Data	提供一套用于移动、复制及转换数据的图形化工具和可编程对象
QL Server 安装程序	安装、升级或更改 SQL Server 2008 实例中的组件

依次单击"开始"→"所有程序"→"Microsoft SQL Server 2008"→"配置工具"→"SQL Server Configuration Manager",在弹出的窗口的左边菜单栏中选择"SQL Server 2008 服务"即可在出现的服务列表中对各个服务进行操作,如图 2-10 所示。

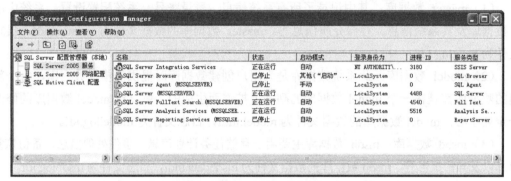

图 2-10　SQL Server 配置管理器

使用 SQL Server 配置管理器可以完成下列服务任务。

● 启动、停止和暂停服务,双击服务列表中的某个服务即可进行相关操作。

● 将服务配置为自动启动或手动启动,禁用服务或者更改其他服务设置。

● 更改 SQL Server 服务所使用的账户的密码。

● 查看服务的属性。

● 启用或禁用 SQL Server 网络协议。

● 配置 SQL Server 网络协议。

3. SQL Server 数据库架构

简单地说,架构的作用是将数据库中的所有对象分成不同的集合,每个集合就称为一个架构。数据库中的每个用户都会有自己的默认架构。这个默认架构可以在创建数据库用户时由创建者设定,若不设定,则系统默认架构为 dbo。数据库用户只能对属于自己架构中的数据库对象执行相应的数据操作。操作的权限则由数据库角色决定。

4. SQL Server 文件

(1)文件。从逻辑上看,数据库是一个容器,存放数据库对象及其数据,其基本内容是表数据。但从操作系统角度(物理)看,数据库由若干个文件组成,它与其他文件并没有什么特别,仅仅是数据库文件由 DBMS(SQL Server)创建、管理和维护。

(2)数据文件和日志文件。在 SQL Server 中,数据库包含行数据文件和日志文件。

行数据文件用于存放数据库数据，日志文件用于记录操作数据库的过程。

（3）文件组。数据库文件除了可扩大原有存储容量外，还可以增加新的数据文件，称为辅助数据文件。

项目实践

用可视化方式创建项目所需的数据库和表，并实现所需要的各项约束，最后输入数据。

实训

1. 可视化方式创建数据库（学生成绩）。要求：（1）数据文件初始大小为 5MB，最大为 50MB，数据库自动增长，增长方式是按 10%比例增长；（2）日志文件初始大小为 2MB，最大可增长到 5MB，按 1MB 增长。

2. 可视化方式创建表。

（1）学生（学号，姓名，性别，年龄，所在系），表结构如图 2-11 所示。

列名	数据类型	允许 Null 值
学号	char(5)	☐
姓名	varchar(50)	☐
年龄	smallint	☑
性别	varchar(50)	☑
所在系	varchar(50)	☑

图 2-11　学生表结构

（2）课程（课程号，课程名，学分），表结构如图 2-12 所示。

列名	数据类型	允许 Null 值
学号	char(5)	☐
课程号	char(5)	☐
成绩	smallint	☑

图 2-12　课程表结构

（3）选课（学号，课程号，成绩），表结构如图 2-13 所示。

列名	数据类型	允许 Null 值
课程号	char(5)	☐
课程名	varchar(50)	☑
先行课	char(5)	☑

图 2-13　选课表结构

任务3 单表查询

【学习目标】

知识目标:

➤ 掌握 SQL 语句的执行和调试方法;

➤ 理解查询语句的解析顺序。

能力目标:

➤ 能够书写、运行、调试 select 语句;

➤ 能够熟练实现单表查询。

数据库结构:

➤ 学生(学号,姓名,性别,年龄,所在系,总学分)

➤ 课程(课程号,课程名,学分,先行课)

➤ 选课(学号,课程号,成绩)

第一节 数据查询的应用

一、SQL 语句优点及应用

1. SQL 语句的优点

(1)功能强大、能够完成各种数据库操作。能够完成合并、求差、相交、乘积、投影、选择、连接等所有关系运算;可用于统计;能够多表操作。

微课:数据查询的
应用

（2）书写简单、使用方便（核心功能只用 9 个动词）。

（3）可作为交互式语言独立使用，也可作为子语言嵌入宿主语言中使用。

（4）有利于各种数据库之间交换数据、程序的移植、实现程序和数据间的独立性、实施标准化。

2．SQL 的应用情况

SQL 结构简洁，功能强大，简单易学，所以自从 IBM 公司 1981 年推出以来，SQL 得到了广泛的应用。Oracle、Sybase、Informix、DB2、SQL Server 等大型数据库管理系统实现了 SQL 化。Dbase、Foxpro、Access 等 PC 数据库管理系统部分实现了 SQL 化。也可以在 HTML 中嵌入 SQL 语句，通过 WWW 访问数据库。在 Java、C#、Python 中也可嵌入 SQL 语句。

需要注意的是：

● SQL 是一种关系数据库语言，提供数据的定义、查询、更新和控制等功能。

● SQL 不是一个应用程序开发语言，只提供对数据库的操作能力，不能完成屏幕控制、菜单管理、报表生成等功能，可成为应用开发语言的一部分。

● SQL 不是一个 DBMS，它属于 DBMS 语言处理程序。

二、SQL 的主要功能

1．数据定义语言（DDL）

数据定义语言用于创建、修改或删除数据库中各种对象，包括表、视图、索引等。

命令：create、alter、drop。

常用的数据定义语句如表 3-1 所示。

微课：数据查询
基础

表 3-1　常用的数据定义语句

操作对象	创建语句	删除语句	修改语句
基本表	create　table	drop　table	alter table
索引	create　index	drop　index	
视图	create　view	drop　view	
数据库	create　database	drop　database	alter　database

2．查询语言（QL）

查询语言的功能是按照指定的组合、条件表达式或排序检索已存在的数据库中的数据，而不改变数据库中的数据。

命令：select。

3. 数据操纵语言（DML）

对已经存在的数据库进行记录的插入、删除、修改等操作。

命令：insert、update、delete。

4. 数据控制语言（DCL）

用来授予或收回访问数据库的某种特权。

命令：grant、revoke。

三、查询编辑窗口

SQL Server 2008 使用的图形界面管理工具是"SQL Server Management Studio"，如图 3-1 所示。

把 SQL Server 2000 的 Enterprise Manager（企业管理器）和 Query Analyzer（查询分析器）两个工具结合，这样可以在对服务器进行图形化管理的同时编写 Transact SQL 脚本，且用户可以直接通过 SQL Server 2008 的"对象资源管理器"窗口来操作数据库。

连接用户数据库之后，单击左上角的"新建查询"按钮便可以打开查询编辑窗口，在该窗口中可以书写 SQL 语句，查询结果将出现在查询编辑窗口下方的结果栏中。

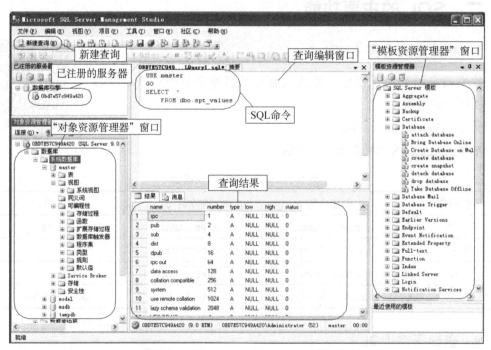

图 3-1 SQL Server Management Studio

四、执行 SQL 语句

以【用例】为例来说明 SQL 语句的执行过程，所用的数据库是学生成绩数据库，结构如下：

学生（学号，姓名，年龄，所在系）；

课程（课程号，课程名，先行课）；

选课（学号，课程号，成绩）。

微课：执行查询
语句

【用例】在"学生成绩"数据库中，从"课程"表中查询出课程名为"数据库管理及应用"的课程号。

执行步骤如下。

第一步：单击"开始"→"所有程序"→"SQL Server"→"Microsoft SQL Server Management Studio"，进入了 SQL Server 管理中心，可看到"学生成绩"数据库。

第二步：单击左上角的"新建查询"按钮（见图 3-2），打开 SQL Server 查询分析器（见图 3-3），可在光标处写代码。

图 3-2　新建查询

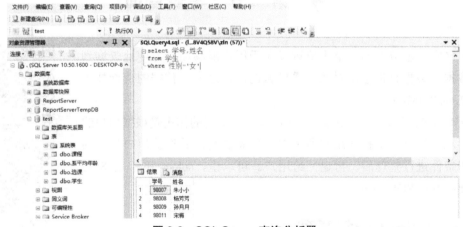

图 3-3　SQL Server 查询分析器

第三步：观察当前的数据库是否为"学生成绩"，否则选择"学生成绩"数据库为当前数据库，如图 3-4 所示。

图 3-4　连接数据库

第四步：在查询分析器中输入以下代码。

```
select  课程号
from  课程
where  课程名='数据库原理及应用'
```

第五步：先后单击"分析"和"执行"按钮，即在查询结果栏出现查询结果，如图 3-5 所示。

图 3-5 执行查询与查看结果

第六步：查询结束，可关闭查询分析器，如需保存查询语句，有以下两种方法。

方法 1：可以执行"文件"→"保存*.SQL 文件"菜单项。

方法 2：把 SQL 语句通过复制/粘贴操作置于文本文件中保存。

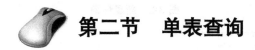

第二节　单表查询

数据库管理数据的一个重要意义在于用户能够简单方便地查询到所需数据。数据查询也是对数据最频繁的操作之一。数据的查询技术是 SQL 的核心技术之一。

SQL 中的查询语句是 select 语句，select 语句的作用是根据用户的设定要求从数据库中搜索用户所需要的信息资料，并按照用户规定的格式和条件进行整理后，再返回给用户。可以说，select 语句是 SQL 的基础，也是 SQL 的灵魂。

微课：单表查询

微课：执行
查询语句

一、select 语句基础

select 语句具有数据查询、统计、分组和排序的功能。

语句格式：

```
select  [all|distinct]<目标列表达式>
from  <数据源>
[where  <记录选择条件>]
[group  by  <分组列>  [having <组选择条件>]]
[order  by  <排序列>  asc|desc [，…]]
```

【参数说明】

select 子句：用于指明查询结果集的目标列。

from 子句：用于指明查询的数据源，数据源可以是基本表或视图。如果数据源不在当前数据库中，须在表名或视图名前加"数据库名"。

where 子句：描述选择条件。

group by 子句：将查询结果的各行按一列取值相等的原则进行分组，如果有 having 短语，则查询结果只满足指定条件的组。

order by 子句：查询结果按一定顺序排序。

select 语句的含义及解析顺序（见图 3-6）介绍如下。

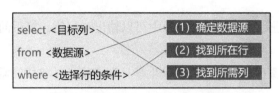

图 3-6　select 语句中核心语句的含义

第一步：根据 where 子句的条件表达式，从 from 子句指定的"数据源"（表或视图）中找出满足条件的行。

第二步：根据 select 子句后面的"目标列"表达式选出指定列，形成结果表。

第三步：如果有 group by 子句，再按照分组列指定的列值进行分组，该列值相同的行成为一组，每个组产生结果表中的一条汇总记录。

第四步：如果有 group by 子句带有 having 短语，则只有满足 having 子句指定的条件的组才可以输出。

第五步：如果有 order by 子句，则结果表再按照排序列指定的列值进行升序或降序排列。

操作演示：数据库
的分离和附加

二、选择列

以下案例以"学生成绩"数据库为例，涉及到的表及表结构为：

学生（学号，姓名，年龄，所在系）；

课程（课程号，课程名，先行课）；

选课（学号，课程号，成绩）。

1. 选择指定列

使用 select 语句选择一个表或多个表中的某些列，列名和列名之间要以逗号分隔。

【例 1】求数学系学生的学号和姓名。

```
select    学号，姓名
from      学生
where     所在系='数学'
```

2. 选择所有列

使用"*"表示选择一个表或视图中的所有列。

【例2】查询计算机系全体学生的基本信息。

```
select    *
from    学生
where   所在系='计算机'
```

3. 计算列

使用 select 对列进行查询时，在结果中可以输出对列值计算后的值，即 select 子句可使用表达式作为结果。

【例3】求选修了课程号为"c1"的学生学号和成绩，并将成绩乘以系数 0.8 输出。

```
select    学号，成绩*0.8
from    选课
where   课程号='c1'
```

4. 定义新列名

由于项目需要，需要把表中的列重新命名，为选择的列定义新的列名，它有以下两种方法。

语法格式一：表达式 as 新列名。

语法格式二：新列名=表达式。

【例4】求选修了课程号为"c1"的学生学号和成绩，并将成绩乘以系数 0.8 输出，并给新产生的列取名为"折算后成绩"。

语法格式一实现：

```
select    学号，成绩*0.8  as '折算后成绩'
from    选课
where   课程号='c1'
```

语法格式二实现：

```
select    '折算后成绩'=学号，成绩*0.8
from    选课
where   课程号='c1'
```

说明：观察结果可以看出，两种语法得出的结果是一致的。

【例5】查询全体学生的学号、姓名以及出生年份。

```
select    学号，姓名，2020-年龄 as 出生年份
from    学生
```

5. 取消结果集中的重复行

对表只选择其某些列时，可能会出现重复行。可以使用 distinct 关键字消除结果集中

的重复行，其语法格式是：

```
select   distinct 列名
```

关键字 distinct 的含义是对结果集中的重复行只选择一个，保证行的唯一性。

【例 6】求选修了课程的学生学号。

```
select   学号
from   选课
```

说明：这种重复学号的存在不仅没有意义，反而影响结果数据的可用性。所以，需要去除重复行。

执行以下代码：

```
select   distinct  学号
from   选课
```

6. 限制结果集的行数

如果 select 语句返回的结果集的行数非常多，可以使用 top 选项限制其返回的行数。top 选项的基本语法格式为：

```
top n[percent] 列名
```

表示只能从查询结果集返回指定前 n 行或指定 n%行。n 可以是指定数目或百分比数目的行。若带 percent 关键字，则表示返回结果集的前 n%行。top 子句可以用于 select、insert、update 和 delete 语句中。

【例 7】查询所有学生的信息，返回前 5 行数据。

```
select   top 5
from   学生
```

【例 8】查询所有学生的信息，返回前 50%数据。

```
select top 50 percent
from   学生
```

三、选择行

在 SQL 语句中，选择行是通过在 select 语句中 where 子句指定选择的条件来实现的。where 子句必须紧跟 from 子句之后。

1. 多条件查询

当选择行的条件有多个的时候，多个条件之间用"and/or/not"连接，分别表示条件之间的"与/或/非"的关系。

2. 比较运算符

比较运算符用于比较两个表达式的值，共有 9 个，分别是：=（等于）、<（小于）、<=（小于等于）、>（大于）、>=（大于等于）、<>（不等于）、! =（不等于）、! <（不小于）、! >（不大于）。

比较运算的语法格式为：

```
表达式 1 { = | < | <= | > | >= | <> | ! = | ! < | ! > } 表达式 2
```

说明：表达式不可以是 text、ntext 和 image 类型的表达式。

当两个表达式值均不为空值（null）时，比较运算返回逻辑值 true（真）或 false（假）。而当两个表达式值中有一个为空值或都为空值时，比较运算将返回 unknown。

【例 9】查询考试成绩有不及格的学生的学号。

```
select   distinct   学号
from    选课
where   成绩<60
```

3. 通配符

在需要进行模糊查询的情况下，比如查询所有姓张的同学的信息的时候，需要用到通配符。常用的通配符如表 3-2 所示。

表 3-2　常用的通配符

通配符	说明
%	代表 0 个或多个字符
_（下画线）	代表单个字符
[ ]	指定范围（如[a～z]、[0～9]）或集合（如[12345]）中的任何单个字符
[^]	指定不属于范围（如 [^a～f]、[^0～9]）或集合（如[^abcdef]）的任何单个字符

通配符使用说明：

● 选择条件中要使用 like 谓词，用于指出一个字符串是否与指定的字符串相匹配。

● 运算对象可以是 char、varchar、text、ntext、datetime 和 smalldatetime 类型的数据，返回逻辑值 true 或 false。

● 使用关键字 escape 可指定转义符，转义字符应为有效的 SQL Server 字符，没有默认值，且必须为单个字符。当字符串中含有与通配符相同的字符时，此时应通过该字符前的转义字符指明其为字符串中的一个匹配字符。

● not like：与 like 的作用相反。

● 使用带%通配符的 like 时，若使用 like 进行字符串比较，模式字符串中的所有字符都有意义，包括起始或尾随空格。

【例 10】查询所有姓"李"的学生的学号、姓名。

```
select   学号, 姓名
from    学生
where   姓名   like   '李%'
```

【例 11】查询所有姓"李"的且为单名的学生的学号、姓名。

```
select    学号，姓名
from      学生
where     姓名 like  '李_'
```

【例 12】查询课程名以"100%"开头且倒数第 3 个字符为"i"的课程情况。

分析：因为字符串中有通配符，所以需要用到转义字符。

```
select    *
from      课程
where     课程名  like '100\%%i__'  escape '\'    --escape 说明 "\" 是转义字符
```

说明：转义字符不仅可以用"\"，还可以用其他的符号，比如："#"、"@"、"&"等，但必须要用 escape 关键字说明。

4．范围比较

用于范围比较的关键字有两个：between 和 in。between 关键字用于指出查询范围。

关键字 between 的语法格式为：

```
表达式  [ not ]  between  值 1  and  值 2
```

说明：表达式[not]在值 1 和值 2 之间取值。

关键字 in 的语法格式为：

```
in（值 1，值 2，……，值 n）
```

说明：指定取值范围，在值 1、值 2、……，值 n 之间取值。

【例 13】求选修了课程号为"c1"且成绩在 80～90 之间的学生的学号和成绩，并将成绩乘以系数 0.8 输出。

```
select    学号，成绩*0.8
from      选课
where     课程号='c1' and 成绩  between  80 and  90
```

【例 14】查询计算机系、数学系、物理系三个系的全体学生的学号、姓名、所在系。

```
select    学号，姓名，所在系
from      学生
where     所在系  in（'数学', '计算机', '物理'）
```

【例 15】检索数学系或计算机系中姓"陈"的学生的信息。

```
select    *
from      学生
where     所在系  in（'数学', '计算机'）and   姓名  like  '陈%'
```

5．空值比较

当需要判定一个表达式的值是否为空值时，可以使用 is null 关键字。其语法格式为：

```
表达式  is [not]null
```

当不使用 not 时，若表达式的值为空值，返回 true，否则返回 false；当使用 not 时，结果刚好相反。

【例 16】求缺少成绩的学生的学号和课程号。

```
select  学号，课程号  from  选课  where  成绩  is  null
```

项目实践

实现开发软件 C#与数据的连接，具体操作请扫描二维码观看。此外，也可以用 Java 实现。

项目实践：数据库连接　　项目实践：数据库连接
（C#+SQL Server 2008）　　（Java+SQL Server
　　　　　　　　　　　　　　　　2008）

实训

一、工程零件数据库结构如下，实现以下 SQL 语句。

供应商（供应商代号，姓名，所在城市，联系电话）；

零件（零件代号，零件名，规格，产地，颜色）；

工程（工程代号，工程名，负责人，预算）；

供应零件（供应商代号，工程代号，零件代号，数量，供货日期）。

1．查询供应商"王平"的基本信息。

2．找出"天津"供应商的姓名和电话。

3．查找预算在 50000～100000 元之间（含）的工程的信息。

4．查询所有姓"王"的供应商的姓名、电话、所在城市。

5．找出使用供应商代号 s1 所供的零件代号为 P3 的工程的工程代号。

6．查询供应商代号为 s1 的供应商在 2020 年以后的供货情况，包括工程代号、零件代号、数量、供货日期。

7．找出所有上海产的红色零件的零件名称。

8．查询使用了零件代号为 P1 或 P3 零件的工程的工程代号。

二、思考题

1．写出 between A and B 的等效关系表达式。

2．举例说明 distinct 的作用。

任务4 多表查询

知识目标：

➢ 了解关系数据库和关系代数的相关知识；

➢ 理解专门的关系运算；

➢ 理解表连接概念。

能力目标：

➢ 能够熟练使用连接查询；

➢ 能够熟练使用嵌套查询。

数据库结构：

➢ 学生（学号，姓名，性别，年龄，所在系，总学分）

➢ 课程（课程号，课程名，学分，先行课）

➢ 选课（学号，课程号，成绩）

 # 第一节 关系数据库和关系代数

一、关系数据库

关系数据库系统是指支持关系模型的数据库系统。关系模型由数据结构、关系操作集合和完整性约束三部分组成。

1. 数据结构

在关系模型中，无论是实体集，还是实体集之间的联系均由单一的关系表示。由于关系模型是建立在集合代数基础上的，因而一般从集合论角度对关系数据结构进行定义。

（1）域（Domain）。域是一组具有相同数据类型的值的集合。例如，可以定义学历域和年龄域如下（其中学历和年龄都是域名）。

学历：{ 小学，初中，高中，中专，大专，本科，硕士，博士 }

年龄：{ 大于 0 小于 200 的整数 }

（2）笛卡尔积。给定一组域 D_1，D_2，...，D_n，这些域可以有相同的域，则 D_1，D_2，…，D_n 的笛卡尔积为：$D_1 \times D_2 \times \cdots \times D_n = \{ (d_1, d_2, \cdots, d_n) | d_i \in D_i, i=1, 2, \cdots, n \}$。

其中每一个元素 $(d_1, d_2, \cdots, d_n)$ 称为一个元组，或简称为元组（Tuple）。元素中的每一个 d_i 称为一个分量（Component）。若 D_i（i=1，2，…，n）为有限集，其基数为 m_i（i=1，2，…，n），则 $D_1 \times D_2 \times \cdots \times D_n$ 的基数 $M = \Pi m_i$。

笛卡尔积可以表示为一个二维表。表中的每行对应一个表中的一个元组，每列对应一个域。例如，给出三个域：

学号域 $D_1 = \{ S001，S002，S003 \}$

课程名域 $D_2 = \{ 数据库，多媒体 \}$

成绩域 $D_3 = \{ 90，87 \}$

则 $D_1 \times D_2 \times D_3 = \{$ （S001，数据库，90），（S001，数据库，87），

（S001，多媒体，90），（S001，多媒体，87），

（S002，数据库，90），（S002，数据库，87），

（S002，多媒体，90），（S002，多媒体，87），

（S003，数据库，90），（S003，数据库，87），

（S003，多媒体，90），（S003，多媒体，87） $\}$

其中，（S001，数据库，90）、（S001，数据库，87）等都是元组。"S001""数据库""90"都是分量，分别取自不同的域。

该笛卡尔积的基数为 $3 \times 2 \times 2 = 12$，也就是说 $D_1 \times D_2 \times D_3$ 一共有 12 个元组。这 12 个元组可组成如表 4-1 所示的二维表。

表 4-1　$D_1 \times D_2 \times D_3$

学号	课程名	成绩
S001	数据库	90
S001	数据库	87
S001	多媒体	90
S001	多媒体	87
S002	数据库	90
S002	数据库	87

学号	课程名	成绩
S002	多媒体	90
S002	多媒体	87
S003	数据库	90
S003	数据库	87
S003	多媒体	90
S003	多媒体	87

（3）关系。$D_1 \times D_2 \times \cdots \times D_n$ 的子集叫作在域 D_1，D_2，$\cdots$，D_n 上的关系（Relation），表示为：

$$R（D_1，D_2，\cdots，D_n）$$

这里 R 表示关系的名字，n 是关系的目或度（Degree）。

当 n=1 时，称该关系为单元关系；当 n=2 时，称该关系为二元关系。

下面，从上例的笛卡尔积中取出一个子集来构造一个关系 S（学号，课程名，班号），关系名为 S，属性名为学号、课程名和班号，共有 3 个元组，如表 4-2 所示。

表 4-2 关系 S

学号	课程名	成绩
S001	数据库	90
S002	多媒体	90
S003	多媒体	87

关系是笛卡尔积的有限子集，所以关系也是一张二维表，表的每行对应一个元组，表的每列对应一个域。

2. 关系中的基本概念

已知在学生数据库中，包括学生关系、班级关系、课程关系和选课关系，这 4 个表结构如下：

学生（学号，姓名，性别，年龄，所在系，班级号，总学分）

课程（课程号，课程名，学分，先行课）

选课（学号，课程号，成绩）

班级（班级号，班级名称）

（1）元组：表中的一行。

（2）属性：表中的一列。属性具有型和值两层含义，属性的型指属性名和属性取值域；属性值指属性具体的取值。由于关系中的属性名具有标识列的作用，因而同一关系中的属性名（即列名）不能相同。例如表 4-2 中有三个属性："学号""课程名""成绩"。

（3）候选码：能唯一确定一个元组的属性或属性组。例如表 4-2 中的候选码是（学

47

号，课程名）。

（4）主码：关系中可能有多个候选码，选定其中一个作为主码。主码是关系模型中的一个重要概念。每个关系必须选择一个主码，选定以后不能随意改变。每个关系必定有且仅有一个主码。

（5）全码：若关系中只有一个候选码，且这个候选码中包括全部属性，则这种候选码为全码。全码是候选码的特例，它说明该关系中不存在属性之间相互决定情况。也就是说，每个关系必定有码（指主码），当关系中没有属性之间相互决定情况时，它的码就是全码。

（6）外码：设 F 为关系 S 的一个属性或属性集，但不是 S 的主码或候选码，如果 F 与关系 R 的主码相对应，则称 F 是关系 S 的外码，也称外键。如上述关系中，学生表中的"班级号"参考班级表中的"班级号"，且其在学生表中又不是主码，所以学生表中的"班级号"为外码。同理，选课表中的学号、课程号为外码。

（7）主属性：包含在任何一个候选码中的属性。例如，学生关系中的"学号"，课程关系中的"课程号"，选课关系中的"学号"和"课程号"都是主属性。

（8）非主属性：它是指不包含在任何一个候选码中的属性。例如，学生关系中的"姓名""性别"等都是非主属性。

3. 关系的基本性质

关系具有以下 6 条基本性质。

（1）关系中每个属性值是不可分解的，也就是表中元组分量必须是原子的，不存在表中有表的情况。

例如，表 4-3 所示的这张表就不是关系表，因为表中的元组分量不是原子的。

表 4-3　表示例

课程	总学时	学时分配	
		理论	实践
数据库	54	42	12
数据结构	72	54	18
操作系统	60	45	15

（2）列是同质的，即每一列中的分量是同一类型的数据，来自同一个域。

（3）不同的列可以来自同一个域，其中的每一列为一个属性，不同的属性要给予不同的属性名。

（4）各列均分配了属性名，因此各列的次序可以任意交换，不改变关系的实际意义。

（5）关系中的任意两个元组不能完全相同。

（6）关系中元组的顺序无关紧要，即关系中元组的顺序可以交换。

4. 关系操作

关系模型中常用的关系操作集合包括查询（Query）操作和更新（Update）操作两部分，其中查询操作包括选择（Select）、投影（Project）、连接（Join）、除（Divide）、并（Union）、交（Intersection）、差（Difference）等；更新操作包括增加（Insert）、删除（Delete）和修改（Update）。查询操作是关系操作集合中的一个重要部分，它具有很强的表达能力。

关系操作集合的特点是集合操作方式，即操作的对象和结果都是集合。而非关系数据模型的操作对象和结果都是记录。

关系操作从关系代数和关系演算的角度出发，有以下两种定义。

（1）关系代数的定义：关系操作是用对关系的运算来表达查询要求的方式，对有限个关系做有限次运算。

（2）关系演算的定义：关系操作是用谓词来表达查询要求的方式，只需描述所需信息的特性。

SQL 是结构化查询语言，是介于关系代数和关系演算之间的语言。它不仅有丰富的查询功能，而且具有数据定义、数据操纵和数据控制功能，是关系数据库的标准语言。

二、关系代数

关系代数是一种抽象的查询语言，是关系数据操纵语言的一种传统表达方式，它用关系运算来表达查询，即关系代数的运算对象是关系，运算的结果也是关系。

任何一种运算都是将一定的运算符作用于一定的运算对象上，得到预期的运算结果。所以运算对象、运算符、运算结果是运算的三大要素。

关系代数用到的运算符包括以下 4 类。

（1）集合运算符：∪（并运算）、∩（交运算）、-（差运算）、×（广义笛卡尔积）。

（2）专门的关系运算符：σ（选择）、∏（投影）、⋈（连接）、÷（除）。

（3）比较运算符：＞（大于）、≥（大于等于）、＜（小于）、≤（小于等于）、＝（等于）、≠（不等于）。

（4）逻辑运算符：¬（非）、∧（与）、∨（或）。

关系代数的运算按运算符的不同可分为传统的集合运算和专门的关系运算两类。其中传统的集合运算将关系看成是元组的集合，其运算是从关系水平"行"的方向来进行的。而专门的关系运算不仅涉及行而且涉及列。比较运算符和逻辑运算符是用来辅助专门的关系运算符进行操作的。

1. 传统的集合运算

传统的集合运算是二目运算，包括并、交、差、广义笛卡尔积 4 种运算。

可以定义并、差、交、广义笛卡尔积运算的前提是：关系 R 和关系 S 具有相同的目 n（即两个关系都具有 n 个属性），且相应的属性取自同一个域。

（1）并（Union）。关系 R 与关系 S 的并记作：

R∪S={ t|t∈R∨t∈S }，t 是元组变量

其结果关系仍为 n 目关系，由属于 R 或属于 S 的所有元组组成。

（2）交（Intersection）。关系 R 与关系 S 的交记作：

R∩S={ t|t∈R∧t∈S }，t 是元组变量

其结果关系仍为 n 目关系，由既属于 R 又属于 S 的元组组成。

（3）差（Difference）。关系 R 与关系 S 的差记作：

R-S={ t|t∈R∧t∉S }，t 是元组变量

其结果关系仍为 n 目关系，由属于 R 而不属于 S 的所有元组组成。

注意：关系 R 和 S 进行并、交、差运算必须满足以下两个条件。

第一，关系 R 和 S 必须是同元的，即它们的属性数目必须相同。

第二，对于每一个 i，R 的第 i 个属性的域必须和 S 的第 i 个属性的域相同。

2. 广义笛卡尔积

两个分别为 n 目和 m 目的关系 R 与 S 的广义笛卡尔积是一个 n+m 列 n×m 行的元组的集合。元组的前 n 列是关系 R 的一个元组，后 m 列是关系 S 的一个元组。若 R 有 K_1 个元组，S 有 K_2 个元组，则关系 R 和关系 S 的广义笛卡尔积有 $K_1×K_2$ 个元组，记作：

R×S={ t1 t2| t1∈R∧t2∈S }

表 4-4（a）和（b）分别为具有三个属性列的关系 R，S；表 4-4（c）为关系 R 与 S 的并；表 4-4（d）为关系 R 与 S 的差；表 4-4（e）为关系 R 与 S 的交；表 4-4（f）为关系 R 与 S 的笛卡尔积。

表 4-4　广义笛卡尔积示例

（a）　R

A	B	C
a1	b1	c1
a2	b2	c2
a2	b2	c1

（b）　S

A	B	C
a1	b2	c1
a1	b3	c2
a2	b2	c1

（c）　R∪S

A	B	C
a1	b1	c1

(d)　R-S

A	B	C
a1	b1	c1
a2	b2	c2
a2	b2	c1
a1	b3	c2

(e)　R∩S

A	B	C
a1	b2	c2
a2	b2	c1

(f)　R×S

R.A	R.B	R.C	S.A	S.B	S.C
a1	b1	c1	a1	b2	c1
a1	b1	c1	a1	b3	c2
a1	b1	c1	a2	b2	c1
a2	b2	c2	a1	b2	c1
a2	b2	c2	a1	b3	c2
a2	b2	c2	a2	b2	c1
a2	b2	c1	a1	b2	c1
a2	b2	c1	a1	b3	c2
a2	b2	c1	a2	b2	c1

三、专门的关系运算

专门的关系运算包括选择、投影、连接、除等。

分量：设关系模式 R（A_1，A_2，A_3，…，A_n），t∈R 表示 t 是 R 的一个元组。

1. 选择

选择又称为限制，它是在关系 R 中选择满足条件的元组，记作：

$$\sigma_F（R）=\{ t|t∈R \wedge F（t）='真' \}$$

其中，F 表示选择条件，F（t）是一个逻辑表达式，结果取"真"或"假"。

F 的形式：由逻辑运算符连接算术表达式而成的条件表达式。

逻辑运算符有：$\wedge$、$\vee$、$\neg$。

条件表达式的基本形式为：$X\theta Y$。其中 X、Y 是属性名、常量或简单函数，属性名也可以用它的序号来代替。θ 是比较运算符，$\theta \in \{ >，\geq，<，\leq，=，\neq \}$。

选择运算实际上是从关系 R 中选取使逻辑表达式 F 为真的元组。这是从行的角度进行的运算。

学生成绩数据库的表结构如下（表数据见表 4-5 至表 4-7）。

学生（学号，姓名，性别，年龄，专业）

课程（课程号，课程名）

选课（学号，课程号，学分）

表 4-5　学生表

学号	姓名	性别	年龄	专业
000101	李晨	男	18	信息系
000102	王博	女	19	数学系
010101	刘思思	女	18	信息系
010102	王国类	女	20	物理系
020101	范伟	男	19	数学系

表 4-6　课程表

课程号	课程名
C1	数学
C2	英语
C3	计算机
C4	制图

表 4-7　选课表

学号	课程号	学分
000101	C1	90
000101	C2	87
000101	C2	72
010101	C4	85
010101	C2	42
020101	C3	70

【例 1】查询数学系的学生信息。

$$\sigma_{\text{专业='数学系'}}(\text{学生}) \text{ 或 } \sigma_{5='数学系'}(\text{学生})$$

结果见表 4-8。

表 4-8　查询数学系学生的信息结果

学号	姓名	性别	年龄	专业
000102	王博	女	19	数学系
020101	范伟	男	19	数学系

【例 2】查询年龄小于 20 岁的学生的信息。

$$\sigma_{\text{年龄}<20}(\text{学生}) \text{ 或 } \sigma_{4<20}(\text{学生})$$

结果见表 4-9。

表 4-9　查询年龄小于 20 岁的学生的信息结果

学号	姓名	性别	年龄	专业
000101	李晨	男	18	信息系
000102	王博	女	19	数学系
010101	刘思思	女	18	信息系
020101	范伟	男	19	数学系

2. 投影

关系 R 上的投影是指从 R 中选择出若干属性列组成新的关系，记作：

$$\pi_A（R）= \{ t[A] | t \in R \}$$

其中，A 为 R 中的属性列。

投影操作是从列的角度进行的运算。

投影后取消了原关系中的某些列，可能出现重复行，系统会自动取消这些完全相同的行。

【例 3】查询学生的学号和姓名。

$$\pi_{学号,姓名}（学生）或 \pi_{1,2}（学生）$$

结果见表 4-10。

表 4-10　查询学生的学号和姓名结果

学号	姓名
000101	李晨
000102	王博
010101	刘思思
020101	范伟

【例 4】查询学生关系中有哪些系，即查询学生关系所在系属性上的投影。

$$\pi_{专业}（学生）或 \pi_5（学生）$$

结果见表 4-11。

表 4-11　查询系

专业
信息系
数学系
信息系
物理系
数学系

3. 连接

连接也称为 θ 连接，是从两个关系的笛卡尔积中选取属性间满足一定条件的元组，记作：

R⋈S= { t1 t2|t1∈R∧t2∈S∧t1[A] θ t2[B] }
A θ B

其中 A 和 B 分别为 R 和 S 上度数相等且可比的属性组，θ 为比较运算符。连接运算是从 R 和 S 的笛卡尔积 R×S 中选取（R 关系）在 A 属性组上的值与（S 关系）在 B 属性组上的值满足比较关系 θ 的元组。

连接运算中有两种最为重要也最为常用的连接：一种是等值连接；另一种是自然连接。

（1）等值连接：当 θ 为"＝"的连接运算称为等值连接，它是从关系 R 和 S 的广义笛卡尔积中选取 A 和 B 属性值相等的元组，即等值连接为：

R⋈S= { t1 t2|t1∈R∧t2∈S∧t1[A]=t2[B] }
A=B

（2）自然连接：是一种特殊的等值连接，它要求两个关系中进行比较的分量必须是相同的属性组。即 A 和 B 是相同的组，并且在结果中把重复的属性列去掉。自然连接可记作：

R⋈S= { t1 t2|t1∈R∧t2∈S∧t1[A]=t2[B] }

一般的连接操作是从行的角度进行运算的，但自然连接还需要取消重复列，所以自然连接是同时从行和列的角度进行运算的。

【例 5】设关系 R、S 分别表 4-12 中的（a）和（b）所示，一般连接 C<E 的结果见表 4-12（c），等值连接 R.B=S.B 的结果见表 4-12（d），自然连接的结果见表 4-12（e）。

表 4-12 连接运算举例

（a）R

A	B	C
a1	b1	5
a1	b2	6
a2	b3	8
a2	b4	12

（b）S

B	E
b1	3
b2	7
b3	10
b3	2
b5	2

（c）R⋈S（一般连接）

C<E

A	R.B	C	S.B	E
a1	b1	5	b2	7
a1	b1	5	b3	10
a1	b2	6	b2	7
a1	b2	6	b3	10
a2	b3	8	b3	10

（d）R⋈S（等值连接）

R.B=S.B

A	R.B	C	S.B	E
a1	b1	5	b1	3
a1	b2	6	b2	7
a2	b3	8	b3	10
a2	b3	8	b3	2

（e）R⋈S（自然连接）

A	B	C	E
a1	b1	5	3
a1	b2	6	7
a2	b3	8	10
a2	b3	8	2

4. 除

属性的象集：给定一个关系 R（X，Z），X，Z 为属性组，定义当 t[X]=x 时，x 在 R 中的象集为 R 中 Z 属性对应的分量的集合，而这些分量所对应的元组中的属性组 X 上的值应为 x。

【例6】选课（学号，课程号，成绩），见表 4-13。

表 4-13 选课表

学号	课程号	成绩
98001	C1	95
98001	C3	80
98003	C1	85
98003	C2	75

课程号=C1 的象集如表 4-14 所示。

表 4-14 课程号 C1 的象集

学号	成绩
98001	95
98003	85

给定关系 R（X，Y）和 S（Y，Z），其中 X，Y，Z 为属性组。R 中的 Y 与 S 中的 Y 可以有不同的属性名，但必须来自同个域。R 与 S 的除运算得到一个新的关系 P（X），P 是 R 中满足下列条件的元组在 X 属性列上的投影：元组在 X 上的分量值 x 的象集 Y_x 包含 S 在 Y 上的投影的集合。记作：

$$R \div S = \{\ t_r[X] | t_r \in R \land \pi_Y\ (S)\ \subseteq Y_x\ \}$$

其中，Y_x 为 X 在 R 中象集，X＝$t_r[X]$。

除运算是同时从行和列的角度进行的运算。除运算适合于包含"对于所有的或全部的"语句的查询操作。

除运算的步骤介绍如下。

第 1 步：将被除关系 R 的属性分成两部分 X，Y_r，其中 X 为与除关系 S 不同的部分，Y_r 为与除关系中 Y_s 相同部分。

第 2 步：将 R 按 X 值分组，即 x 值相同的为一组。

第 3 步：选择 Y_r 与 Y_s 相同的组作为结果元组。

第 4 步：取结果元组在 X 属性上的投影。

【例 7】有关系 R 和 S 分别如表 4-15 中的（a）和（b）所示，求 R÷S。结果见表 4-15（c）。

表 4-15 例 7 表

（a） R 关系

仓库号	供应商号
WH1	S1
WH1	S2
WH1	S3
WH2	S3
WH3	S1
WH3	S2
WH5	S1
WH5	S2
WH5	S4
WH6	S2

（b） S 关系

仓库号
WH1
WH3
WH5

（c）　R÷S

供应商号
S1
S2

R÷S 的含义是：至少向 WH1、WH3、WH5 供货的供应商号。

【例 8】已知选课、选修课、必修课如表 4-16（a）、（b）、（c），求选课÷选修课。结果见表 4-16（d）

表 4-16　例 8 表

（a）　选课

学号	课程号	成绩
S1	C1	A
S1	C2	B
S1	C3	B
S2	C1	A
S2	C3	B
S3	C1	B
S3	C3	B
S4	C1	A
S4	C2	A
S5	C2	B
S5	C3	B
S5	C1	A

（b）　选修课

课程号	课程名
C2	VB

（c）　必修课

课程号	课程名
C1	数据结构
C3	操作系统

（d）　选课÷必修课

学号	成绩
S3	B

"选课÷必修课"表示求选修了必修课表中全部课程且成绩一样的学生的学号和成绩。

（1）将关系"选课"的属性分成两部分：X——（学号，成绩）；Y——课程号，Yr 表示"选课"在课程号上的投影。

57

（2）将关系"必修课"的属性分成两部分：Y——课程号；Z——课程名，Ys 表示"选修课"在"课程号"上的投影｛C1，C3｝。

（3）将关系"选课"按 X 属性组（学号，成绩）的值的不同分组（共八组）。

例如：

第一组：学号=S1，成绩=A 的象集为｛C1｝；

第二组：学号=S1，成绩=B 的象集为｛C2，C3｝；

第三组：学号=S2，成绩=A 的象集为｛C1｝；

第四组：学号=S2，成绩=B 的象集为｛C3｝；

第五组：学号=S3，成绩=B 的象集为｛C1，C3｝；

第六组：学号=S4，成绩=A 的象集为｛C1，C2｝

第七组：学号=S5，成绩=A 的象集为｛C1｝；

第八组：学号=S5，成绩=B 的象集为｛C2，C3｝。

所以，可以得出结论，选课÷必修课的结果见表 4-16（d）。

四、关系代数表示检索的实例

在关系代数中，关系代数运算经过有限次复合形成的式子称为关系代数表达式。对关系数据库中数据的查询操作可以写成一个关系代数表达式，或者说，写成一个关系代数表达式表示已经完成了查询操作。以下给出利用关系代数进行查询的例子。

数据库中有以下 3 个关系：

学生（学号，姓名，性别，年龄，所在系）

课程（课程号，课程名，先行课）

选课（学号，课程号，成绩）

【例 9】求选修了课程号为"C2"课程的学生学号。

$$\pi_{\text{学号}}(\sigma_{\text{课程号='C2'}}(\text{选课}))$$

【例 10】求选修了课程号为"C2"课程的学生学号和姓名。

$$\pi_{\text{学号, 姓名}}(\sigma_{\text{课程号='C2'}}(\text{选课}\bowtie\text{学生}))$$

【例 11】求年龄大于 20 的所有女学生的学号、姓名。

$$\pi_{\text{学号, 姓名}}(\sigma_{\text{年龄>20}\wedge\text{性别='女'}}(\text{学生}))$$

【例 12】求选了课的学生的学号和姓名。

$$\pi_{\text{学号, 姓名}}(\text{选课}\bowtie\text{学生})$$

【例 13】求没有选课的学生的学号和姓名。

$$\pi_{\text{学号, 姓名}}(\text{学生})-\pi_{\text{学号, 姓名}}(\text{选课}\bowtie\text{学生})$$

思路：可以从所有的学生中除去选了课的学生，剩余的学生就是没有选过课的。

【例 14】求没有选修课程号为"C1"课程的学生学号。

$$\pi_{\text{学号}}(\text{学生})-\pi_{\text{学号}}(\sigma_{\text{课程号='C1'}}(\text{选课}))$$

不能写成 $\pi_{\text{学号}}$（$\sigma_{\text{课程号}\neq'\text{C1}'}$（选课））。

【例15】既选修"C2"课程又选修"C3"课程的学生学号。

$$\pi_{\text{学号}}（\sigma_{\text{课程号}='\text{C2}'}（\text{选课}））\cap\pi_{\text{学号}}（\sigma_{\text{课程号}='\text{C3}'}（\text{选课}））$$

不能写为 $\pi_{\text{学号}}$（$\sigma_{\text{课程号}='\text{C2}'\wedge\text{课程号}='\text{C3}'}$（选课））。因为选择运算是集合运算，在同一元组中的课程号不可能既是"C2"又是"C3"。

【例16】选修"C2"课程或选修"C3"课程的学生学号。

$$\pi_{\text{学号}}（\sigma_{\text{课程号}='\text{C2}'}（\text{选课}））\cup\pi_{\text{学号}}（\sigma_{\text{课程号}='\text{C3}'}（\text{选课}））$$

或

$$\pi_{\text{学号}}（\sigma_{\text{课程号}='\text{C2}'\vee\text{课程号}='\text{C3}'}（\text{选课}））$$

【例17】求选修了全部课程的学生学号及课程号。

$$\pi_{\text{学号,课程号}}（\text{选课}）\div\text{课程}$$

【例18】求学过学号为"98001"的学生所学过的所有课程的学生学号。

$$\pi_{\text{学号,课程号}}（\text{选课}）\div\pi_{\text{课程号}}（\sigma_{\text{学号}='98001'}（\text{选课}））$$

【例19】求学过学号为"98001"的学生所学过的所有课程的学生学号和姓名。

$$\pi_{\text{学号,姓名}}（（\pi_{\text{学号,课程号}}（\text{选课}）\div\pi_{\text{课程号}}（\sigma_{\text{学号}='98001'}（\text{选课}）））\bowtie\text{学生}）$$

第二节　连接查询

在查询数据时涉及的属性不在同一张表中（或者说分别存在不同的表中）时，需要把表进行连接。包含连接操作的查询称为连接查询。连接查询包括等值连接、自然连接、求笛卡尔积、一般连接、外连接、内连接、左连接、自连接等。

微课：表连接

微课：连接查询

一、一般连接（内连接）

连接查询的数据源为多个表（也可以是视图），连接条件通过 where 子句表达，连接条件和记录选择条件之间用 and 衔接。

【例20】查询学生的学号、姓名及所选修的课程号、成绩。

```
select  学生.学号，姓名，课程号，成绩
from    学生，选课
where   学生.学号=选课.学号
```

【例21】查询学生的学号、姓名及所选修的课程名及成绩。

```
select  学生.学号，姓名，课程名，成绩
from    学生，课程，选课
where   学生.学号=选课.学号 and 课程.课程号=选课.课程号
```

【例22】查询成绩有不及格的学生的学号、姓名。

```
select    distinct    学生.学号，姓名
from      学生，选课
where     成绩<60   and    学生.学号=选课.学号
```

【注意】

第一、如果使用了一个以上的表，但没有 where 子句，则结果为广义笛卡尔积。

例如：

```
select    学生.学号，课程号，成绩
from      学生，选课
where     学生.学号=选课.学号
```

以上代码执行结果为学生表与选课表中对应的记录。

而以下代码的结果为笛卡尔积：

```
select    学生.学号，课程号，成绩
from      学生，选课
```

第二、连接操作不只在两个表之间进行，一个表内也可以进行自身连接，称为自连接。

【例 23】查询每一门课的间接先行课（即：先行课的先行课）。

```
select    a. 课程号，a. 课程名，b. 先行课
from      课程 a，课程 b
where     a. 先行课=b. 课程号
```

内连接：指定了 inner join 关键字的连接是内连接，内连接按照 on 所指定的连接条件合并两个表，返回满足条件的行，其中 inner 是默认的，可以省略。

内连接的结果集中只保留了符合连接条件的记录，而排除了两个表中没有匹配的记录情况，前面所举的例子均属内连接。

二、外连接

外连接：指定了 outer 关键字的连接为外连接，外连接的结果表不但包含满足连接条件的行，还包括相应表中的所有行，外连接包括左外连接、右外连接、完全外连接。

左外连接（Left Outer Join）：结果表中除了包括满足连接条件的行外，还包括左表的所有行。

右外连接（Right Outer Join）：结果表中除了包括满足连接条件的行外，还包括右表的所有行。

完全外连接（Full Outer Join）：结果表中除了包括满足连接条件的行外，还包括两个表的所有行。

说明：其中的 outer 关键字均可省略。外连接中不匹配的分量用 null 表示。

【例 24】查询所有学生的选课情况（包括没有选课的学生）。

```
select    学生.学号，课程号，成绩
```

```
from    学生，选课
where   学生.学号*=选课.学号
```

【例25】查询全部选课情况（包括学生表中没有的学生的选课信息）。

```
select   学生.学号，课程号，成绩
from     学生，选课
where    学生.学号=选课.学号
```

外连接除了以上介绍的几种外，还有交叉连接，交叉连接实际上是将两个表进行笛卡尔积运算，结果集是由第一个表的每行与第二个表的每一行拼接后形成的表，因此结果表的行数等于两个表行数之积。

交叉连接也可以使用 where 子句进行条件限定。

【例26】查询全部选课情况（包括学生表中没有的学生的选课信息）。

```
select   学生.学号，课程号，成绩   from   学生  cross join 选课
```

等价于以下代码：

```
select   学生.学号，课程号，成绩   from   学生，选课
```

 ## 第三节　嵌套查询

在解决某些多表查询问题的时候，用连接查询无法实现，则可以考虑使用嵌套查询。比如查询"陈力"所在系的全体学生的学号、姓名，如果用连接查询则是无法实现的。

微课：嵌套查询

嵌套查询是指多个查询语句嵌套使用，一个查询语句的结果是另一个查询语句的条件。嵌套在另一个查询语句内的查询称为子查询。子查询除了可以用在 select 语句中，还可以用在 insert、update 及 delete 语句中。所以，有关表数据的插入、修改、删除的内容，将放在数据查询之后介绍。

子查询通常与 in、exist、any、all、exists 谓词及比较运算符结合使用。

嵌套查询的另一种理解：一个 select…from…where 语句称为一个查询块，将一个查询块嵌套在另一个查询块的 where 子句或 having 短语的条件中的查询叫嵌套查询或子查询。

嵌套查询可以分为：带 in 谓词的子查询、带比较运算符的子查询、带 any 或 all 的子查询、带 exists 谓词的子查询。

一、in 子查询

in 子查询用于进行一个给定值与多值（或一个值）比较，而比较符（如"="）用于一

个值与另一个值之间的比较。所以，嵌套查询中可以用"="时就可以用"in"，而当可以用"in"时未必可以用"="。其语法格式为：

> 表达式 [not] in （子查询）

说明：当表达式与子查询的结果表中的某个值相等时，in 谓词返回 true，否则返回 false。若使用了 not，则返回的值刚好相反。

【例 27】查询"陈力"所在系的全体学生的学号、姓名。

```
select   学号，姓名
from     学生
where    所在系 in
         （select  所在系
            from   学生
            where  姓名='陈力'）
```

说明：这个题目用连接无法完成。

【例 28】查询选修了"计算机导论"的学生学号。

```
select   学号
from     选课
where    课程号 in
         （select   课程号
            from   课程
            where  课程名='计算机导论'）
```

此例也可用连接查询实现：

```
select   学号 from   选课，课程
where    选课.课程号=课程.课程号   and   课程名='计算机导论'
```

【例 29】查询没有选修"计算机导论"的学生学号。

```
select   学号
from     学生
where    学号  not  in
         （select   学号
            from   选课
            where  课程号  in
         （select  课程号
            from   课程
            where  课程名='计算机导论'））
```

【例 30】查询选修了"计算机导论"的学生学号、姓名。

```
select  学号，姓名
from  学生
where  学号  in
         （select  学号
            from   选课
            where  课程号  in
         （select  课程号
            from   课程
            where   课程名='计算机导论'））
```

此例也可用连接查询：

```
select   学生.学号，姓名
from     学生，选课，课程
where    学生.学号=选课.学号
and      选课.课程号=课程.课程号   and   课程名='计算机导论'
```

【例 31】检索所有课程成绩都在 80 分及 80 分以上的学生学号、姓名。

```
select   distinct   学生.学号，姓名
from     学生，选课
where    学生.学号=选课.学号   and   学号  not in
         （select   学号
          from    选课
          where   成绩<80   or   成绩  is   null）
```

二、比较子查询

这种子查询可以认为是 in 子查询的扩展，它使表达式的值与子查询的结果进行比较运算，语法格式为：

```
表达式{<|<=|=|>|>=|! =|<>|! <|! >}{all|any}（子查询）
```

其中，

● 表达式为要进行比较的表达式。

● all 和 any 用于说明对比较运算的限制。

● all 用于指定表达式要与子查询结果集中的每个值都进行比较，当表达式与每个值都满足比较的关系时，才返回 true，否则返回 false。

● any 表示表达式只要与子查询结果集中的某个值满足比较的关系时，就返回 true，否则返回 false。

常用的 all 和 any 与比较符结合及其语义如表 4-17 所示。

表 4-17　all 和 any 与比较符结合及其语义

操作符	含义
>any	大于子查询结果中的某个值
<any	小于子查询结果中的某个值
>=any	大于等于子查询结果中的某个值
<=any	小于等于子查询结果中的某个值
=any	等于子查询结果中的某个值
! =any 或<>any	不等于子查询结果中的某个值
>all	大于子查询结果中的所有值
<all	小于子查询结果中的所有值
>=all	大于等于子查询结果中的所有值
<=all	小于等于子查询结果中的所有值

操作符	含义
=all	等于子查询结果中的所有值（通常没有实际意义）
！=all 或<>all	或不等于子查询结果中的任何一个值

【例 32】查询 C1 课程成绩高于"王红"的学生学号、成绩。

```
select   学号，成绩
from     选课
where    课程号='C1' and 成绩>
         （select   成绩
           from 选课
           where  课程号='C1' and 学号=
         （select   学号
           from 学生
           where   姓名='王红'））
```

【例 33】查询其他系中比计算机系任一学生年龄小的学生的信息。

分析：题意即求年龄小于计算机系年龄最大者的学生。

```
select   *
from     学生
where    所在系<>'计算机'  and  年龄<any
         （select   年龄
           from 学生
           where  所在系='计算机'）
```

此例也可用 max（）实现。

```
select   *
from     学生
where    所在系<>'计算机' and 年龄<any
         （select    max（年龄）
           from 学生
           where   所在系='计算机'）
```

【例 34】查询其他系中比计算机系学生年龄都小的学生的信息。

分析：题意是要求年龄小于计算机系年龄最小者的学生。

```
select   *
from     学生
where    年龄<all
         （select   年龄
           from 学生
           where   所在系='计算机'）
and    所在系<>'计算机'
```

三、exists 子查询

exists 谓词用于测试子查询的结果是否为空表，若子查询的结果集不为空，则 exists 返回 true，否则返回 false。exists 还可与 not 结合使用，即 not exists，其返回值与 exists 刚好相反。

【注意】

● exists 表示存在量词，exists 操作符后的子查询不返回任何数据，它只返回一个逻辑值，如果结果不为空集，则返回真，否则返回假。

● 子查询的查询条件依赖于父查询的某个属性值，这类查询称为相关子查询。

● 相关子查询的处理过程：首先取外层的父查询的第一个记录，根据该记录的属性值来处理内层的子查询，若子查询返回真，则取此记录放入结果集中，否则放弃该记录，然后再检查下一个记录，直至表中全部记录检查完毕为止。

● SQL 没有全称量词，必须将全称量词转换为等价的带有存在量词的谓词。

【例 35】查询选修了 C2 课程的学生姓名。

```
select   姓名
from     学生
where    exists（select    *
                  from    选课
                  where   学生.学号=学号 and 课程号='C2'）
```

该查询也可以用表连接的方式实现：

```
select   姓名
from     学生，选课
where    学生.学号=选课.学号   and   课程号='C2'
```

【例 36】查询选修了全部课程的学生的姓名。

```
select   姓名
from     学生
where    not exists
            （select *
              from   课程
              where  not exists
                  （select    *
                    from    选课
                    where   学生.学号=学号 and 课程.课程号=课程号））
```

说明：可以这样理解要求，要查询这样的学生，没有一门课他不选。第一个 not exists 表示不存在这样的课程记录（没有这样一门课），第二个 not exists 表示该学生没有选修的选课记录，也就是双重否定（他不选修）。

项目实践

根据项目要求，实现项目中的单表查询任务。

实训

一、工程零件数据库结构如下，请根据要求实现查询语句

供应商（供应商代号，姓名，所在城市，联系电话）

零件（零件代号，零件名，规格，产地，颜色）

工程（工程代号，工程名，负责人，预算）

供应零件（供应商代号，工程代号，零件代号，数量，供货日期）

1．查询使用了零件代号为 p3 的零件的工程代号、工程名。

2．查询使用了上海供应商供应的零件的工程代号。

3．找出工程代号为 j2 所使用的各种零件的名称及其总数量。

4．查询使用了蓝色零件的工程的工程代号（分别用连接查询和嵌套查询两种方法）。

5．查询姓"王"的供应商的供货信息，包括零件代号、零件名、数量、供货日期。

6．查询没有使用天津产的零件的工程代号。

二、思考

1．在实训一中（2）题如果用连接查询是否需要加 distinct，为什么？

2．在实训一中（6）题能否用如下语句实现？为什么？

select distinct 工程代号 from 供应零件，零件 where 零件.零件代号=供应零件.零件代号 and 产地<>'天津'

任务 5　统计查询

知识目标：

➤ 理解排序、分组、分组统计的原理；

➤ 了解关系代数的基础知识。

能力目标：

➤ 能够熟练使用排序和聚合函数；

➤ 能够熟练使用分组查询。

数据库结构：

➤ 学生（学号，姓名，性别，年龄，所在系，总学分）

➤ 课程（课程号，课程名，学分，先行课）

➤ 选课（学号，课程号，成绩）

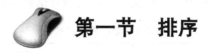 第一节　排序

在项目中需要对查询的结果排序输出。例如学生成绩由高到低排序。在 select 语句中，使用 order by 子句对查询结果进行排序。order by 子句的语法格式为：

微课：排序

```
order by  排序列 [ asc | desc ] } [ ，…n ]
```

67

【例1】把学生信息按照学号升序排列。

```
select * from 学生    --默认顺序是按照主码的升序排列的
```

或者

```
select * from 学生
order by 年龄 asc     --默认的顺序是升序 asc，降序是 desc
```

【例2】把学生信息首先按照年龄升序排列，年龄相同则按照性别升序排列，性别相同则按照学号升序排列。

```
select * from 学生
order by 年龄 asc，性别 asc，学号 asc    --asc 是默认的，可以省略
```

【例3】查询选修了 C1 课程的学生学号、成绩，并将结果按成绩的降序排列。

```
select  学号，成绩
from   选课
where  课程号='C1'
order by  成绩  desc
```

【说明】

● 排序时 null 为最小值。

● order by 子句中可以用 select 子句中的列的序号来表示列名。

例如：select 学号，成绩 from 选课 where 课程号='C1' order by 2 desc

 # 第二节　聚合函数

微课：聚合函数

　　select 子句中的表达式还可以包含所谓的聚合函数。聚合函数常常用于对一列值进行计算，然后返回一个结果值。

　　聚合函数通常与 group by 子句一起使用。常用聚合函数如表 5-1 所示。

表 5-1　常用聚合函数

函数名	说明
avg	求组中值的平均值
count	求组中项数，返回 int 类型整数
count_big	求组中项数，返回 bigint 类型整数
grouping	产生一个附加的列
max	求最大值
min	求最小值
sum	返回表达式中所有值的和

【例4】比较下面几个查询结果，理解 count 的用法。

```
select * from 选课                          --结果为35
select count（成绩）from 选课               --结果为29，成绩为 null 的不计入
select count（学号）from 选课               --结果为35，主码不为空
select count（distinct 学号）from 选课      --结果为10，去除重复行
select count（*）from 选课                  --结果为35，包括空值在内
```

【例5】用 avg、sum、max、min 求全体学生成绩的平均值、求和、最大值、最小值。

```
select avg（成绩）as 求平均值，sum（成绩）as 求总和，
    max（成绩）as 求最大值，min（成绩）as 求最小值
from 选课                    --算数运算函数，集合函数结果列是无列名的。
```

【例6】求学生的总人数。

```
select count（*）from 学生
```

【例7】求选课的总人次数。

```
select count（*）from 选课
```

【例8】求选课的总人数。

```
select count（distinct 学号）
from 选课
```

【例9】求 C1 课程的最高分（即最大值）、最低分（即最小值）、平均分（即平均值）。

```
select avg（成绩）as 求平均值，max（成绩）as 求最大值，min（成绩）as 求最小值
from 选课
where 课程号='C1'
```

【例10】求学生的总人数。

```
select   count（*）
from   学生
```

【例11】求选课的总人次数。

```
select   count（*）
from   选课
```

【例12】求选课的总人数。

```
select count（distinct 学号）
from   选课
```

【例13】求 C1 课程的最高分、最低分、平均分。

```
select   max（成绩），min（成绩），avg（成绩）
from   选课
where   课程号='C1'
```

第三节　分组查询

1. group by 子句

group by 子句主要用于根据字段对行进行分组。例如，根据学生所学的专业对学生表中的所有行进行分组，结果是每个专业的学生成为一组。语法格式如下：

```
group   by   分组表达式  [, …n]
```

【例 14】查询各门课的课程号、最高分、最低分、平均分。

```
select   课程号，max（成绩）as 最高分，min（成绩）as 最低分，
         avg（成绩）as 平均分
from   选课
group  by   课程号
```

【例 15】查询每个学生的学号、姓名及平均分。

```
select   学生.学号，姓名，avg（成绩）as 平均分
from   选课，学生
where   学生.学号=选课.学号
group by   学生.学号，姓名
```

【例 16】查询各门课的课程号及相应的选课人数。

```
select   课程号，count（学号）
from   选课
group   by   课程号
```

2. having 子句

语法格式为：

```
having <查询条件>
```

说明：查询条件与 where 子句的查询条件类似，不过 having 子句中可以使用聚合函数，而 where 子句中则不可以。

【例 17】查询选了一门以上课程的学生的学号。

```
select   学号
from   选课
group by   学号
having count（*）>1
```

【说明】where 和 having 的区别

第一、作用的对象不同。where 子句作用于数据源，从中选择满足条件的记录，

having 子句作用于结果集的分组中选择满足条件的组。例如上例不能写成下面的语句：

```
select  学号  from  选课
group  by  学号
where  count（*）>1
```

第二、having 短语必须与 group by 子句合用，不能单独使用。

all 表示全部、所有，>all 一般表示大于最大值；<all 一般表示小于最小值。

any 表示任意一个、某一个，>any 一般表示大于最小值；<any 一般表示小于最大值。

【例 18】求其他系中比计算机系某一学生年龄小的学生的信息（即求年龄小于计算机系年龄最大者的学生）。

```
select *
from  学生
where  所在系！='计算机'
and  年龄<any
     （select  年龄
      from  学生
      where  所在系='计算机'）
```

【例 19】求其他系中比计算机系学生年龄都小的学生的信息（即求年龄小于计算机系年龄最小者的学生）。

```
select *
from  学生
where  所在系！='计算机'
and  年龄<all
     （select  年龄
      from  学生
      where  所在系='计算机'）
```

【例 20】求选课门数最多的学生的学号。

```
select  学号
from  选课
group  by  学号
having  count（课程号）>=all
        （select  count  （课程号）
         from  选课
         group  by  学号）
```

【例 21】求选课门数最多的学生的学号、姓名。

```
select  学号，姓名
from  学生
where  学号  in
       （select  学号
        from  选课
        group  by  学号
        having  count（学号）>=all
                （select  count（学号）
                 from  选课
                 group  by  学号））
```

也可以用下面的语句实现：

```
select    学生.学号，姓名
from      学生，选课
where     学生.学号=选课.学号
group    by    学生.学号，姓名
having    count（学号）>=all
                （select    count（学号）
                  from    选课
group    by    学号）
```

项目实践

实现项目中的数据查询任务，具体操作请扫描二维码观看。

**项目操作演示：查
询并显示数据**

实训

一、工程零件数据库结构如下，实现以下 SQL 语句

供应商（供应商代号，姓名，所在城市，联系电话）

零件（零件代号，零件名，规格，产地，颜色）

工程（工程代号，工程名，负责人，预算）

供应零件（供应商代号，工程代号，零件代号，数量，供货日期）

1．查询供应商总人数。

2．查询供应商代号为 s1 的供应商的供货次数。

3．查询所有工程的平均预算、总预算。

4．查询各工程的工程代号、平均预算、总预算。

5．汇总各种零件的供应情况，包括零件代号、零件名、总数量。

6．查询各工程的工程代号及所使用的零件总数量、总次数，并按零件总数量的升序排序。

7．查询使用了 10 个以上零件的工程的工程代号。

二、思考题

1．查询单次使用零件总数量最多的工程的工程代号及其使用总数量。

2．查询使用零件总数量最多的工程的工程代号及其使用总数量。

任务 6　集合查询和视图

知识目标：

➢ 理解集合查询的原理；

➢ 理解视图和表的区别；

➢ 了解游标的作用。

能力目标：

➢ 能够熟练使用集合查询；

➢ 能够熟练使用视图；

➢ 了解游标的用法。

数据库结构：

➢ 学生（学号，姓名，性别，年龄，所在系，总学分）

➢ 课程（课程号，课程名，学分，先行课）

➢ 选课（学号，课程号，成绩）

 第一节　集合查询

（1）交集：设 A、B 是两个集合，由所有属于集合 A 且属于集合 B 的元素所组成的集合，叫作集合 A 与集合 B 的交集，记作 A∩B。

（2）并集：给定两个集合 A、B，把它们所有的元素合并在一起组成的集合，叫作集合 A 与集合 B 的并集，记作 A∪B，读作 A 并 B。

（3）差：若 A 和 B 是集合，则 A 在 B 中的相对补集可以这样表示，其元素属于 B 但不属于 A，B−A={x|x∈B 且 x∉A}。

集合查询的抽象表示如图 6-1 所示。

微课：集合查询

73

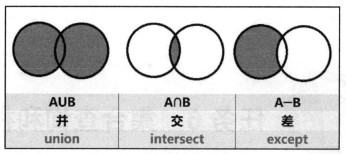

图 6-1　集合查询的抽象表示

一、into 查询

使用 into 子句可以将 select 查询所得的结果保存到一个新建的表中。into 子句的语法格式为：

```
into  new_table
```

其中，new_table 是要创建的新表名。包含 into 子句的 select 语句执行后所创建的表的结构由 select 所选择的列决定，新创建的表中的记录由 select 的查询结果决定。若 select 的查询结果为空，则创建一个只有结构而没有记录的空表。

【例 1】建立一个三好学生表，包括学号、姓名、专业。

```
select 学号，姓名，专业
into  三好学生
from 学生
where 备注 like '三好学生'
```

二、union 查询

使用 union 子句可以将两个或多个 select 查询的结果合并成一个结果集。

【例 2】求选修了 C1 课程或选修了 C2 课程的学生的学号。

```
select 学号
from 选课
where 课程号='C1'
union
selcct 学号
from 选课
where 课程号='C2'
```

【例 3】也可以用非集合查询实现【例 2】要求。

```
select 学号
from 选课
where 课程号='C1' or 课程号='C2'
```

三、except 查询和 intersect 查询

except 和 intersect 用于比较两个查询的结果，返回非重复值。

使用 except 和 intersect 比较两个查询的规则与 union 语句一样。except 从 except 关键字左边的查询中返回右边查询没有找到的所有非重复值。intersect 返回 intersect 关键字左右两边的两个查询都返回的所有非重复值。except 或 intersect 返回的结果集的列名与关键字左侧的查询返回的列名相同。

【例 4】求选修了 C1 课程但没有选修 C2 课程的学生的学号。

```
select 学号  from 选课 where 课程号='C1'
except
select 学号  from 选课  where  课程号<>'C2'
```

【例 5】求选修了 C1 课程又选修了 C2 课程的学生的学号。

```
select  学号   from 选课  where 课程号='C1'
intersect
select  学号 from 选课  where 课程号='C2'
```

此题也可以用下面的语句实现：

```
select 学号
from  选课
where 课程号='C1' and  学号 in
（select  学号
from  选课
where  课程号='C2'）
```

但不可以用下面的查询来实现：

```
select  学号  from  选课
where  课程号 = 'C1'  and 课程号='C2'
```

原因说明：一个二维表的单元格中只可能存在一个确定值。

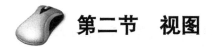 第二节　视图

视图是从一个或者多个表或视图中导出的，和真实的表一样，视图也包括几个被定义的数据列和多个数据行。但视图是一个虚拟表，所以数据库中只存放视图的定义，而不存放视图的数据，这些数据来源于基本表。

视图一经定义以后，就可以像表一样被查询、修改、删除和更

微课：视图

新。视图具有以下优点。

（1）为用户集中数据，简化用户的数据查询和处理。

（2）屏蔽数据库的复杂性。用户不必了解复杂的数据库中的表结构，并且数据库表的更改也不影响用户对数据库的使用。

（3）简化用户权限的管理。只需授予用户使用视图的权限，而不必指定用户只能使用表的特定列，也增加了安全性。

（4）便于数据共享。各用户不必都定义和存储自己所需的数据，可共享数据库的数据，这样同样的数据只需存储一次。

（5）可以重新组织数据以便输出到其他应用程序中。

一、定义视图

视图定义语法格式为：

```
create view <视图名>[（列名组）]as<子查询>
[with check option]
```

【例6】建立计算机系学生的视图。

```
create   view   计算机系学生
as
select   *
from   学生
where   所在系='计算机'
```

【例7】将学生的学号、总成绩、平均成绩定义成一视图"成绩汇总"。

```
create   view   成绩汇总（学号，总成绩，平均成绩）
as
select   学号，sum（成绩），avg（成绩）
from   选课
group by   学号
```

【说明】

（1）with check option 表示今后对视图进行 update、delete、insert 操作时，仍要保证满足子查询中的条件。

例如，执行下面的语句建立一个计算机系学生1的视图：

```
create view 计算机系学生1
as
select   *
from 学生
where   所在系='计算机'
with check option
```

然后执行下面的两条语句：

```
update   计算机系学生1
```

```
set    年龄=年龄+1
where  学号='98004'      //可以执行
update  计算机系学生1
set    所在系='物理'
where  学号='98004'      //不可执行
```

（2）列名组省略时，表示组成视图的各个属性列名由子查询的 select 子句中的目标列组成，列名全部省略或者全部指定。

（3）在下列三种情况下必须指定列名组。

● 目标列不是单纯的属性名。

● 有同名属性。

● 视图中需要更改列名。

【例 8】创建 cs_kc 视图，包括计算机专业各学生的学号、其选修的课程号及成绩。要保证对该视图的修改都要符合专业为计算机这个条件。

```
create view cs_kc with encryption
as
select  学生.学号，课程号，成绩
from    学生，选课
where  学生.学号=选课.学号  and  专业='计算机'
with check option
```

二、使用和修改视图

1. 查询视图

视图可以和基本表一样被查询，其方法与查询基本表一致。

【例 9】查找平均成绩在 80 分以上的学生的学号和平均成绩。

第一步：首先创建学生平均成绩视图 xs_kc_avg，包括学号和平均成绩（在视图中列名为"平均成绩"）。

```
create   view   xs_kc_avg   （学号，平均成绩）
as
select  学号，avg（成绩）from    选课
group by  学号
```

操作演示：视图的
创建和操作

第二步：再对 xs_kc_avg 视图进行查询。

```
select    *
from    xs_kc_avg
where  平均成绩>=80
```

2. 插入数据

使用 insert 语句通过视图向基本表插入数据，方法与基本表基本相同。

【例 10】向 cs_xs 视图中插入一条记录：（'181115'，'刘明仪'，1，'2008-3-2'，'计算机'，50，null）。

```
insert into cs_xs
values（'181115',  '刘明仪',  1,  '2008-3-2',  '计算机',  50，null）
```

说明：当视图所依赖的基本表有多个时，不能向该视图中插入数据，因为这将会影响多个基表。比如，无法向视图 cs_kc 中插入数据，因为 cs_kc 依赖于两个基本表（学生表和选课表）。

3. 修改数据

使用 update 语句可以修改视图中的数据，语法格式和使用方法与基本表基本相同。

【例 11】将 cs_xs 视图中所有学生的总学分增加 8。

```
update cs_xs
set 总学分=总学分+8
```

说明：该题例实际上是修改基本表（学生表）的字段值，在原来基础上增加 8。若一个视图依赖于多个基本表，则一次修改该视图只能变动一个基本表的数据。

【例 12】将 cs_kc 视图中学号为 181101 的学生且课程号为 101 的课程成绩改为 90。

```
update cs_kc
set 成绩=90
where 学号='181101' and 课程号='101'
```

说明：视图 cs_kc 依赖于两个基本表（学生表和选课表），对 cs_kc 的一次修改只能改变学号（源于学生表）或者课程号和成绩（源于选课表）。

例如，以下的修改是错误的：

```
update cs_kc
set 学号='181120'，课程号='208'
where 成绩=90
```

由于视图不是实际存储数据的表，而是虚表，因此可以通过对视图数据的更新实现对基本表的更新，一般的数据库系统不支持下列几种情况的视图更新。

（1）由两个以上基本表导出的视图。

（2）视图的字段来自表达式或函数。

（3）视图中有分组子句或使用了 distinct 短语。

（4）视图定义中有嵌套查询，且内层查询中涉及了与外层一样的导出该视图的基本表。

（5）在一个不允许更新的视图上定义的视图。

三、删除视图

删除视图语句语法格式为：

```
drop view   <视图名>
```

【例 13】删除视图"计算机系学生"。

```
drop view  计算机系学生
```

说明：当一个视图被删除后，由该视图导出的其他视图也消失。所以，删除视图时一定要小心。

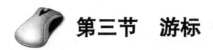 第三节　游标

SQL 有两种方式：一种为独立式 SQL；另一种为嵌入式 SQL。对于嵌入式 SQL 而言，SQL 语言采用的是集合处理方式，主语言采用的是单记录处理方式，那么如何协调呢？方法是引入游标。游标是系统为用户开设的一个数据缓冲区，用于存放 SQL 语句的执行结果。每个游标区都有一个名字。用户通过游标逐一获取记录，并赋给主变量，交给主语言进一步处理。

SQL Server 通过游标提供了对一个结果集进行逐行处理的能力，游标可看作一种特殊的指针，它与某个查询结果相联系，可以指向结果集的任意位置，以便对指定位置的数据进行处理。使用游标可以在查询数据的同时对数据进行处理。

在 SQL Server 中，有两类游标可以用于应用程序中：前端（客户端）游标和后端（服务器端）游标。服务器端游标是由数据库服务器创建和管理的游标，而客户端游标是由 ODBC 和 DB-Library 支持的，在客户端实现的游标。

在客户端游标中，所有的游标操作都在客户端高速缓存中执行。最初实现 DB-Library 客户端游标时 SQL Server 尚不支持服务器端游标，而 ODBC 客户端游标是为了用于仅支持游标特性默认设置的 ODBC 驱动程序。由于 DB-Library 和 SQL Server ODBC 驱动程序完全支持通过服务器端游标的游标操作，所以应尽量不使用客户端游标。SQL Sever 中对客户端游标的支持也主要是考虑向后兼容。本节除非特别指明，所说的游标均为服务器端游标。

SQL Server 对游标的使用要遵循如下顺序：声明游标→打开游标→读取数据→关闭游标→删除游标。

游标的作用：解决 SQL 一次一集合的操作与主语言一次一记录操作的矛盾，游标是系统为用户开设的一个数据缓冲区，存放 SQL 语句的执行结果。

【例 14】使用游标从学生表中把所有姓名为"李四"的学生的学号、姓名逐行读出。

第一步：声明游标。定义游标意味着定义了一个游标变量，并使这个游标变量指向指定的结果集。语法格式为：

```
declare  游标  cursor for  select 语句；
```

【例 15】第一步：定义游标。

```
declare  C1  cursor for
select 学号，姓名
from 学生
```

```
where 姓名='李四'
```

第二步：打开游标。声明游标后，要使用游标从中提取数据，就必须先打开游标。在 T-SQL 中，使用 open 语句来打开游标，语法格式为：

```
open 游标;
```

【例 16】第二步：打开游标。

```
open C1;
```

第三步：读取数据。游标打开后，就可以使用 fetch 语句从中读取数据。

fetch 语句的执行可以分为两个步骤。

①从当前位置读取一条记录并保存在变量中。

②游标自动下移，指向下一条记录。

fetch 的语法格式为：

```
fetch 游标 into 变量;
```

【例 17】第三步：读取数据。

```
fetch c1 into @id, @name;
while @@fetch_status=0
    begin
            fetch c1 into @id, @name;
    end
```

第四步：关闭游标。游标使用完以后，要及时关闭。关闭游标使用 close 语句。

close 的语法格式为：

```
close 游标;
```

【例 18】第四步：关闭游标。

```
close C1;
```

第五步：删除游标。游标关闭后，其定义仍在，可用 open 语句打开它再使用。若确认游标不再需要，就要释放其定义所占用的系统空间，即删除游标。删除游标使用 deallocate 语句。deallocate 的语法格式为：

```
deallocate 游标变量;
```

【例 19】第五步：删除游标。

```
deallocate C1
```

【例 20】使用游标从学生表中把所有姓名为"李四"的学生的学号、姓名逐行读出。

完整的代码如下：

```
declare c1 cursor for
select 学号, 姓名
from 学生
```

```
where  姓名='李四'
open c1；
fetch c1 into @id，@name；
while @@fetch_status=0
     begin
            fetch c1 into @id，@name；
     end
close c1；
deallocate   c1
```

【例 21】用游标读出所有学生的记录。

```
declare sc cursor local scroll scroll_locks
for
select * from  学生
open sc
select @@cursor_rows
declare @a int
set @a=1
fetch next from sc
while @a<@@cursor_rows
     begin
        set @a=@a+1
        fetch next from sc
     end
close sc
deallocate sc
```

项目实践

在项目中使用视图，具体操作请扫描二维码观看。

项目操作演示：视
图创建与使用

实训

一、工程零件数据库结构如下，请实现以下题目要求

供应商（供应商代号，姓名，所在城市，联系电话）

零件（零件代号，零件名，规格，产地，颜色）

工程（工程代号，工程名，负责人，预算）

供应零件（供应商代号，工程代号，零件代号，数量，供货日期）

1．查出每个供应商分别给几个工程提供了零件，分别列出供应商代号和工程数量，结果用视图的形式给出。

2．查询所在地为"上海"的供应商的姓名及电话，结果用视图的形式给出。

3．查出哪些工程使用过蓝色的零件，列出工程名，结果用视图的形式给出。

4．供应商（代号）S3 发现已供应给各工程的所有零件存在质量问题，想找各工程负责人商议补救办法。请列出相关的工程代号、工程名及负责人名单。

5．查询哪些供应商没有给工程代号为 J2 的工程供应零件，请列出供应商号。

6．统计各工程分别用了几个 P3 零件。

7．查询"胡胜利"（供应商的姓名）最近一次供货的时间，并查出相关的工程号（提示：日期可以比较大小，2020 年 3 月 15 日大于 2020 年 3 月 14 日）。

二、思考题（查询没有使用天津产的零件的工程代号，试比较下述两个语句，并判断正确性）

语句 1：select distinct 工程代号 from 供应零件 where 零件代号 not in（select 零件代号 from 零件 where 产地='天津'）

语句 2：select 工程代号 from 工程 where 工程代号 not in（select 工程代号 from 供应零件 where 零件代号 in（select 零件代号 from 零件 where 产地='天津'））

任务 7　SQL 方式管理数据库、表、数据

【学习目标】

知识目标：

➤ 理解数据文件的作用；

➤ 理解表的各级约束的作用。

能力目标：

➤ 能够熟练使用 SQL 语句管理数据库；

➤ 能够熟练使用 SQL 语句管理表；

➤ 能够熟练使用 SQL 语句管理数据。

数据库结构：

➤ 学生（学号，姓名，性别，年龄，所在系，总学分）

➤ 课程（课程号，课程名，学分，先行课）

➤ 选课（学号，课程号，成绩）

 ## 第一节　SQL 方式管理数据库

一、数据库文件

SQL Server 数据库是存储数据的容器，是一个存放数据的库和支持这些数据的存储、检索、安全性和完整性的逻辑成分所组成的集合。数据库按照不同的分类方式可以分为不同的类别。

微课：SQL 方式
创建数据库

按照模式级别数据库可以分为物理数据库和逻辑数据库。物理数据库由构成数据库的物理文件构成。一个物理数据库中至少有一个数据文件和一个日志文件。逻辑数据库是指数据库中用户可见的表或视图。

按照创建对象数据库可以分为系统数据库和用户数据库。系统数据库是安装时系统自带的数据库。用户数据库是使用者自己创建的数据库。

SQL Server 所使用的文件包括三类。

（1）主数据文件。主数据文件简称主文件，正如其名，该文件是数据库的关键文件，包含了数据库的启动信息，并且存储数据。每个数据库必须有且仅能有一个主文件，其默认扩展名为.mdf。

（2）辅助数据文件。辅助数据文件简称辅（助）文件，用于存储未包括在主文件内的其他数据。辅助文件的默认扩展名为.ndf。辅助文件是可选的，根据具体情况，可以创建多个辅助文件，也可以不使用辅助文件。一般当数据库很大时，有可能需要创建多个辅助文件。而数据库较小时，则只要创建主文件而不需要创建辅助文件。

（3）日志文件。日志文件用于保存恢复数据库所需的事务日志信息。每个数据库至少有一个日志文件，也可以有多个，日志文件的扩展名为.ldf。日志文件的存储与数据文件不同，它包含一系列记录，这些记录的存储不以页为存储单位。

二、数据库对象

常用的数据库对象有表、视图、索引、约束、存储过程、触发器等。

（1）表。表是 SQL Server 中最主要的数据库对象，它是用来存储和操作数据的一种逻辑结构。表由行和列组成，因此也称为二维表。表是在日常工作和生活中经常使用的一种表示数据及其关系的形式。

（2）视图。视图是从一个或多个基本表中引出的表，数据库中只存放视图的定义而不存放视图对应的数据，这些数据仍存放在导出视图的基本表中。

（3）索引。索引是一种不用扫描整个数据表就可以对表中的数据实现快速访问的途径，它是对数据表中的一列或者多列数据进行排序的一种结构。表中的记录通常按其输入的时间顺序存放，这种顺序称为记录的物理顺序。为了实现对表中的记录的快速查询，可以对表中的记录按某个和某些属性进行排序，这种顺序称为逻辑顺序。

（4）约束。约束机制保障了 SQL Server 中数据的一致性与完整性，具有代表性的约束就是主键和外键。主键约束可以保证当前表记录的唯一性，外键约束用于记录当前表与其他表的关系。

（5）存储过程。存储过程是一组为了完成特定功能的 SQL 语句的集合。这个语句集合经过编译后存储在数据库中，存储过程具有接受参数、输出参数，返回单个或多个结果以及返回值的功能。存储过程独立于表存在。存储过程有和函数类似的地方，但它又不同于函数。例如，它不返回取代其名称的值，也不能直接在表达式中使用。

（6）触发器。触发器与表紧密关联。它可以实现更加复杂的数据操作，更加有效地保障数据库系统中数据的完整性和一致性。触发器基于一个表创建，但可以对多个表进行操作。

（7）默认值。默认值是在用户没有给出具体数据时，系统所自动生成的数值。它是 SQL Server 系统确保数据一致性和完整性的一种方法。

（8）用户和角色。用户是对数据库有存取权限的使用者；角色是指一组数据库用户的集合。这两个概念类似于 Windows 的本地用户和组的概念。

（9）规则。规则用来限制表字段的数据范围。

（10）类型。用户可以根据需要在给定的系统类型基础上定义自己的数据类型。

（11）函数。用户可以根据需要在 SQL Server 上定义自己的函数。

三、创建数据库

创建数据库的语法格式为：

```
create database 〈数据库名〉
   [on [primary]
([name = 〈逻辑数据文件名〉, ]                    --逻辑文件名
      filename='〈操作数据文件路径和文件名〉         --物理路径名
      [, size=〈文件长度〉]                        --文件初始大小
      [, maxsize=〈最大长度〉]                      --文件最大大小
      [, filerowth=〈文件增长率〉]) [, …n]]         --文件增长方式
   [log on
([name=〈逻辑日志文件名〉, ]
      filename='〈操作日志文件路径和文件名〉'
      [, size=〈文件长度〉]
      [, maxsize=〈最大长度〉]
      [, filerowth=〈文件增长率〉]) [, …n]]
```

对于可以忽略的参数，系统对数据文件的默认值为：初始大小 1MB，最大大小不限制，允许数据库自动增长，增长方式为按 10%比例增长。系统对日志文件的默认值为：初始大小 1MB，最大大小不限制，允许日志文件自动增长，增长方式为按 10%比例增长。

【例1】创建学生成绩数据库。要求：初始大小为 5MB，最大大小为 50MB，数据库自动增长，增长方式是按 10%比例增长；日志文件初始为 2MB，最大可增长到 5MB，按 1MB 方式增长。

微课录屏：SQL 方式创建数据库

```
create   database   学生
    on                         --primary 是默认的文件组，可以省略，此处省略
  (name='学生_data',
    filename='e: \学生_data.mdf',
    size=5mb,
    maxsize=50mb,
    filegrowth=10%
  )
```

```
log on
 （name='学生_log'，
         filename='e: \学生_log.ldf'，
         size=2mb，
         maxsize=5mb，
 ）       filegrowth=1mb
```

执行成功后，查看资源管理器，会发现名为"学生成绩"的数据库已经存在。

 # 第二节　SQL 方式管理表

数据库创建好了以后是不能够直接存放数据的，数据必须存放在表（关系）中。

一、创建表

创建基本表的语法格式为：

```
create table[<库名>].<表名>
（<列名><数据类型>[<列级完整性约束条件>]
[，<列名><数据类型>[<列级完整性约束条件>][，...n]
[，<表级完整性约束条件>][，...n]）
```

微课：SQL 方式
创建表

说明：约束分为列级约束和表级约束。

1. 列级完整性约束

列级完整性约束的作用：针对属性值设置限制条件，且只涉及一个列的数据，有以下 5 种约束。

（1）not null 约束，表示不允许为空。

（2）unique 约束，表示不允许该列出现重复的属性值。对于设为主码的列，不用再加"unique"。

（3）default 约束，表示定义该列的默认值。

（4）check 约束，表示定义属性值的检查条件。

（5）primary key 约束，表示定义该列为主码。

check 约束的语法格式为：

```
constraint<约束名> check （<约束条件>）
```

2. 表级完整性约束

表级完整性约束：针对表内多个属性设置限制条件或者对不同表中相应列设置限制条件。

（1）unique 约束，表示要求列组的值不能有重复，其语法格式为：

```
constraint <约束名>　unique　（属性组）
```

（2）primary key 约束，表示主键约束。如一个表的主键内有两个或两个以上的列，则必须使用表级约束将这两列加入主键内。不能直接跟在列后定义，而通过约束条件表达式来设置，其语法格式为：

constraint <约束名> primary key（属性组）

（3）foreign key 约束用于定义外码和参照表。

注意：外键的数据类型必须和参照表中的主码严格匹配。

foreign key 约束语法格式为：

```
constraint   <约束名> foreign key  （外码）
references   <被参照表名>  （与外码对应的主码名）
```

【例 2】请用 SQL 语句建立以下三张基本表：

学生（学号，姓名，年龄，性别，所在系）

课程（课程号，课程名，先行课）

选课（学号，课程号，成绩）

【要求】

（1）学生表中以学号为候选码，姓名不能为空，性别只能输"男"或"女"，年龄的默认值为 20。

（2）课程表中以课程号为候选码。

（3）选课表中以学号和课程号为候选码，成绩限定在 0～100 分，要求学号与学生表中的学号建立参照关系，课程号与课程表中的课程号建立参照关系。

分析：在建表的时候首先要理解表和表之间是否存在参照关系，如存在，则需要先建立被参照表再建立参照表。针对学生成绩数据库，我们需要先建立学生表和课程表，再建立选课表。

```
create table  学生（学号  char（5）not null primary key,
                姓名 char（8）not null,
                年龄 smallint default 20,
                性别 char（2）,
                所在系 char（20）,
                constraint c1 check（性别 in（'男', '女'）））
create table  课程（课程号 char（5）not null primary key,
                课程名 char（20）,
                先行课 char（5））
create table  选课
    （学号 char（5）not null,
    课程号 char（5）not null,
    成绩 smallint,
    constraint c2 check（成绩 between 0 and 100）,
    constraint c3 primary key（学号，课程号）,
    constraint c4 foreign key（学号）references 学生（学号）,
constraint c5 foreign key（课程号）references 课程（课程号））
```

说明：执行完上面的代码后，检查数据库，会发现数据库中已经生成了这三张表。

二、修改表

当表的结构不合适的时候，可以通过"alter table"语句来修改表的结构。修改表的结构是受限制的，不可以进行任意的修改，可以进行的修改有：增加新的属性、删除属性、删除完整性约束、修改属性。

微课：SQL 方式管理表

1. 增加属性

语法格式：

```
alter   table  <表名>
add   <新列名> <数据类型> [<列级完整性约束条件>] [, …n]
```

【例 3】向学生表中增加"家庭地址"和"电话"。

```
alter table  学生
add   家庭地址  varchar（30），电话  char（12）
```

2. 删除属性

语法格式：

```
alter   table  <表名>
drop   column  <列名>
```

【例 4】在学生表中删除"家庭地址"和"电话"。

```
alter table  学生
drop column  家庭地址，电话
```

注意：不允许删除已定义列级完整性约束或表级完整性约束的属性，not null 约束除外，要删除这些属性必须先删除该属性上的约束条件。

例如，执行下面的语句，并观察结果。

```
alter table  学生
drop column  性别
```

说明：这条语句无法执行，因为在"性别"属性上已定义了 check 约束条件。例 4 可以执行，因为在"家庭地址"和"电话"属性上没有约束。

3. 删除完整性约束条件

语法格式：

```
alter   table  <表名>
drop   <约束名>
```

【例 5】从学生表中删除"性别"属性上的约束 c1，然后删除"性别"属性。

```
alter table  学生
```

```
drop c1
go
alter table  学生
drop column    性别
go
```

4. 修改属性

注意：只能改变宽度，可以增加 not null 约束，对于已有数据的表，只能将属性的宽度改为已有数据的宽度。

语法格式：

```
alter  table  <表名>
alter  column  <列名>  <数据类型>
```

【例 6】改变学生表中"所在系"的宽度为 varchar(16)。

```
alter table  学生
alter column  所在系  varchar(16)
```

三、删除表

语法格式：

```
drop  table  <表名>
```

注意：基本表一旦被删除，表中的数据及在此表基础上建立的索引将自动地全部被删除，所以要特别小心。不能删除已被定义为其他表的被参照表的表。

例如，执行下面语句：

```
drop table  学生
```

说明：不能执行。其原因是学生表已被选课表定义为它的被参照表。所以，删除表的时候要注意表和表之间的参照关系，正确的顺序是：先删除参照表，再删除被参照表。

 第三节　SQL 方式管理表数据

针对表中数据的操作主要有 4 种：插入数据、修改数据、删除数据、查询数据，下面介绍前面 3 种。

一、插入数据

插入数据有两种方法：一种是每次插入一条记录（记录），另一种是一次插入一个集合。

微课：SQL 方式管理表数据

1. 插入单条记录

语法格式：

```
insert into <表名>  [（<属性列 1> [，<属性列 2> …）]
values  （<常量 1> [，<常量 2>]…)
```

【例 7】在前面例 2 所建立的数据库中，向选课表中插入一条数据。表结构为：选课（学号，课程号，成绩）。

```
insert into 选课（学号，课程号，成绩）
values（'98008', 'C5', 70）
```

【说明】

第一、在 into 子句中若没有指明任何列名，则在 values 子句中必须在每个列上均有值，并且要与表中属性的逻辑顺序对应。

比如在以下语句中：

```
insert into 选课 values（'98008', 'C5', 70）        （对）
insert into 选课 values（'98008', 'C5'）            （错）
```

原因分析：提供的值的数量和表中属性数量不一致。

```
insert into 选课 values（'C2', '98008', 70）           （错）
```

原因分析：提供的值的顺序与表中属性的逻辑顺序不对应。

第二、如果某些列在 into 子句中没有出现，则新插入的记录在这些列上取空值，但如果这些列在表定义时被定义为 not null，则不能在 into 子句中省略。

比如在以下语句中：

```
insert into 选课（学号，课程号）values（'98008', 'C4'）    （对）
insert into 选课（学号，成绩）values（'98008', 70）        （错）
```

原因分析：表中的课程号属性不允许为空，而该语句却没有为它提供值。

第三、into 子句中列名与 values 子句中的常量要求逻辑顺序一致。

比如在以下语句中：

```
insert into 选课（学号，课程号）values（'98008', 'C4'）    （对）
insert into 选课（学号，课程号）values（'C1', '98008'）     （错）
```

原因分析：into 子句中列名与 values 子句中的常量要求逻辑顺序不一致。

2. 插入子查询的结果集

语法格式：

```
insert into <表名> [（<属性列 1> [，<属性列 2> …）]
 <子查询>
```

【例 8】求各专业学生的平均学分，并要求将结果存入数据库中。

第一步：先建立"各专业平均学分表"。

```
create   table   各专业平均学分表（专业名  char（10），
                              平均学分    tinyint）
```

第二步：将平均学分写入此表中。

```
insert   into   各专业平均学分表
select  专业名，avg（总学分）
from   学生
group by  专业名
```

【例 9】将学生表中专业名为"计算机"的各记录的学号、姓名和专业名列的值插入到学生 1 表的各行中。

第一步：用如下的 create 语句建立学生 1 表。

```
create table  学生 1
  （学号    char（6）not null,
    姓名    char（8）not null,
    专业    char（10）null）
```

第二步：用如下的 insert 语句向学生 1 表中插入数据。

```
insert into  学生 1
select  学号，姓名，专业名
from  学生
where  专业名='计算机'
```

二、删除数据

语法格式：

```
delete from <表名>   [where<条件>]
```

【注意】

● 如果无 where 子句，则表示删除表中的全部记录。

● where 子句中可以嵌入子查询。

● 一个 delete 语句只能删除一个表中的记录，即 from 子句中只能有一个表名，不允许有多个表名。

【例 10】删除"计算机"专业的学生记录及该专业学生所有选课记录。

第一步：删除"计算机"专业学生的选课记录。

```
delete   from   选课
where   学号   in
        （select  学号 from  学生
        where  专业名='计算机'）
```

第二步：删除"计算机"专业的学生信息。

```
delete   from   学生
where  所在系='计算机'
```

【例 11】将数据库的学生表中的所有行都删除。

```
delete   学生表
```

说明：该语句能删除学生表中的所有行。

三、修改数据

修改表中数据的语法格式为：

```
update <表名>
set  <列名 1>=<表达式 1> [, <列名 2>= <表达式 2> ][, ...n]
[where <条件>]
```

【注意】

第一、如果无 where 子句，则表示修改表中的全部记录。

第二、where 子句中可以嵌入子查询。

【例 12】将学生表中每个学生的总学分加 1。

```
update   学生
set 总学分=总学分+1
```

【例 13】将"高等数学"的成绩加 5 分。

```
update   选课
set    成绩=成绩+5
where  课程号=
        （select 课程号  from 课程
        where  课程名='高等数学'）
```

项目实践

在项目中实现通过窗口添加数据、修改数据、删除数据的任务，具体操作请扫描二维码观看。

项目实践：在窗口   项目实践：从窗口   项目实践：从窗口
中输入数据并写入   中修改数据并保存   中删除数据并写回
数据库   到数据库   数据库

实训

一、创建和删除学生成绩数据库。

1．用 SQL 方式创建学生选课数据库，要求如下：

（1）数据文件初始大小为 5MB，最大大小为 500MB，数据库自动增长，增长方式是按 10%比例增长。

（2）日志文件初始大小为 2MB，最大可增长到 5MB，按 1MB 增长。

2．用 SQL 方式删除学生成绩数据库。

二、表结构如下所示，请用 SQL 语句实现以下题目要求。

学生（学号，姓名，性别，年龄，所在系，总学分）

课程（课程号，课程名，学分，先行课）

选课（学号，课程号，成绩）

1．用 SQL 语句分别在三个表中各输入不少于 3 条记录的数据，内容为自己及同学的信息。

2．求每门课的平均成绩，并将结果存入数据库中（注意：先建立平均成绩表，再将各门课平均成绩写入）。

3．给学生表增加一个属性"联系电话"，类型为 char（11）。

4．将所有成绩加 2 分。

5．用 SQL 句实现把"数据库"这门课的课程名改为"大型数据库管理"。

6．删除"计算机基础"这门课的选课记录及该课程信息。

三、员工管理数据库，名称为 YGGL，包含的三个表，如图 7-1 所示，完成以下题目要求。

Employees：员工信息表

列名	数据类型	长度	允许空
employeeid	char	6	
name	char	10	
birthday	datetime	8	
sex	bit	1	
address	char	20	✓
zip	char	6	✓
phonenumber	char	12	✓
emailaddress	char	30	✓
departmentid	char	3	

Departments：部门信息表

列名	数据类型	长度	允许空
departmentid	char	3	
departmentname	char	20	
note	text	16	✓

图 7-1　员工管理数据库的 3 个表

Salary：员工薪水情况表

	列名	数据类型	长度	允许空
▶️🔑	employeeid	char	6	
	income	float	8	
	outcome	float	8	

图 7-1　员工管理数据库的 3 个表（续）

1．使用 T-SQL 语句创建数据库 YGGL。要求：主数据文件 yggl_data1 初始大小为 10MB，最大大小为 50MB，数据库自动增长，增长方式为按 5%比例增长。辅助数据文件 yggl_data2 初始大小为 5MB，最大大小不限，按照 1MB 方式增长。日志文件初始大小为 2MB，最大大小为 5MB，按照 1MB 方式增长。

2．使用 T-SQL 语句创建表 Employees、Departments 和 Salary（写出相应的 SQL 语句）。

四、修改表。

1．将 YGGL 数据库的主数据文件的增长方式改为按 10%比例增长。

2．为数据库 YGGL 增加一个数据文件 file0。

3．删除数据文件 file0。

4．为数据库 YGGL 添加两个文件组 yggl_fg1 和 yggl_fg2，并为两个文件组分别添加一个大小为 10MB 数据文件 file1 和 file2。

5．删除文件组 yggl_fg2。在删除的过程中你碰到怎样的问题，是如何解决的？

6．请把 YGGL 数据库更名为"员工管理数据库"。

任务 8　数据库设计

知识目标：

➢ 了解数据库设计和系统需求分析相关知识；

➢ 熟悉信息的三种世界；

➢ 熟悉概念模型和数据模型相关知识。

能力目标：

➢ 能够熟练画出 E-R 图；

➢ 能够熟练把 E-R 图转换为关系模型。

 ## 第一节　数据库设计概述

一、数据库设计的内容

数据库设计的内容主要包括数据库的结构特性设计和数据库的行为特性设计。在数据库系统设计过程中，数据库结构特性设计起着关键作用，行为特性设计起着辅助作用。将数据库的结构特性设计和行为特性设计结合起来，相互参照，同步进行，才能较好地达到设计目标。

1. 结构特性设计

结构特性设计是指数据库模式或数据库结构设计，应该是具有最小冗余的、能满足不同用户数据需求的、能实现数据共享的系统。数据库结构特性是静态的，数据库结构设计完成后，一般不再变动，但由于客户需求变更的必然性，在设计时应考虑数据库变更的扩充余地，确保系统的成功。

数据库的结构特性设计的步骤为：首先将现实世界中的事物、事物间的联系用 E-R 图表示；然后，将各个分 E-R 图汇总，得出数据库的概念结构模型；最后将概念结构模型转化为数据库的逻辑结构模型表示。

2. 行为特性设计

行为特性设计是指应用程序、事务处理的设计。用户通过应用程序访问和操作数据库，用户的行为和数据库结构紧密相关。

数据库行为特性的设计步骤为：首先要将现实世界中的数据及应用情况用数据流程图和数据字典表示，并详细描述其中的数据操作要求（即操作对象、方法、频度和实时性要求），进而得出系统的功能模块结构和数据库的子模式。

3. 数据库的物理模式设计

数据库的物理模式设计的要求是根据库结构的动态特性（即数据库应用处理要求），在选定的 DBMS 环境下，把数据库的逻辑结构模型加以物理实现，从而得出数据库的存储模式和存取方法。

二、数据库设计的基本步骤

按照规范化设计的方法，考虑数据库及其应用系统开发的全过程，将数据库的设计分为 6 个阶段（如表 8-1 所示）：需求分析、概念设计、逻辑设计、物理设计、实施、运行与维护。

表 8-1　数据库设计 6 个阶段

阶段	任务
需求分析	综合各用户的应用要求
概念设计	形成概念结构模型
逻辑设计	建立数据模型，即完成数据库的模型和外模式
物理设计	得出数据库的内模式
实施	建立数据库，组织数据入库，编制与调试应用程序
运行和维护	性能监测，转储与恢复，数据库结构调整与修改

在数据库设计中，前两个阶段面向用户的应用需求，面向具体的问题。中间两个阶段则面向数据库管理系统。最后两个阶段面向具体的实现方法。前 4 个阶段可统称为"分析和设计阶段"，后面两个阶段统称为"实现和运行阶段"。

在进行数据库设计之前，首先必须选择参加设计的人员，包括系统分析人员、数据库设计人员、程序员、用户和数据库管理员。系统分析人员和数据库设计人员是数据库设计的核心人员，他们将自始至终地参加数据库的设计，他们的水平决定了数据库系统的质量。用户和数据库管理员在数据库设计中也是举足轻重的人物，他们主要参加需求分析和数据库的运行维护，他们的积极参与不但能加快数据库的设计进程，而且是决定数据库设计质量的重要因素。程序员则是在系统实施阶段参与进来的，分别负责编写程序和配置软硬件环境。

如果所设计的数据库应用系统比较复杂，还应该考虑是否需要使用数据库设计工具和CASE 工具以提高数据库设计质量，并减少设计工作量以及考虑选用何种工具。

 ## 第二节 系统需求分析

需求分析简单地说就是分析用户的要求。需求分析是设计数据库的起点，需求分析的结果是否准确反映用户的实际需求，将直接影响后面各个阶段的设计，并影响设计结果是否合理和实用。

一、需求分析的任务

需求分析的任务是通过详细调查现实世界处理的对象（如组织、部门、企业等），充分了解原系统（手工系统或计算机系统）的工作概况，明确用户的各种需求，然后在此基础上确定新系统的功能。新系统必须充分考虑今后可能的扩充和改变，不能仅仅按当前应用需求来设计数据库。

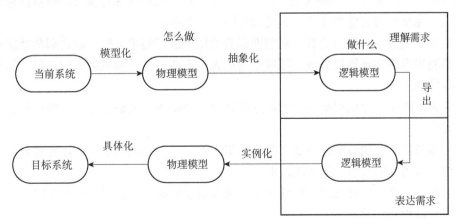

图 8-1 需求分析的任务

通过图 8-1 可以了解需求分析的主要任务：将当前系统模型化后变成物理模型，得出该系统是怎么做的。再将物理模型抽象化为逻辑模型，得出当前系统是做什么的，这时还只处于理解需求阶段。再把理解需求阶段的逻辑模型导出为表达需求阶段的逻辑模型，再实例化为物理模型，最后再具体化为目标系统，得出该系统需要做什么。

需求分析调查的重点是"数据"和"处理"，通过调查、收集与分析，获得用户对数据库的如下要求。

（1）信息要求，指用户需要从数据库中获得信息的内容与性质。由用户的信息要求可以导出数据要求，即在数据库中需要存储哪些数据。

（2）处理要求，指用户要求完成什么处理功能，对处理的响应时间有什么要求，处理方式是批处理还是联机处理。

（3）系统要求。系统要求主要从以下3个方面考虑。

● 安全性要求：系统有几类用户使用，每一类用户的使用权限如何。

● 使用方式要求：用户的使用环境是什么、平均有多少用户同时使用、最高峰时有多少用户同时使用、有无查询相应的时间要求等。

● 可扩充性要求：对未来功能、性能和应用访问的可扩充性的要求。

二、系统需求分析方法

进行需求分析首先要调查清楚用户的实际需求，与用户达成共识，然后分析与表达这些需求。调查用户需求的具体步骤如下。

第一步：调查组织机构情况，包括了解该组织的部门组成情况、各部门的职责等，为分析信息流程做准备。

第二步：调查各部门的业务活动情况，包括了解各个部门输入和使用什么数据、如何加工处理这些数据、输出什么信息、输出到什么部门、输出结果的格式是什么，这些都是调查的重点。

第三步：在熟悉业务的基础上，协助用户明确对新系统的各种要求，包括信息要求、处理要求、完全性与完整性要求，这是调查的又一个重点。

第四步：确定新系统的边界。对前面调查的结果进行初步分析，确定哪些功能由计算机完成或将来准备让计算机完成、哪些活动由人工完成。由计算机完成的功能就是新系统应该实现的功能。

在调查过程中，可以根据不同的问题和条件，使用不同的调查方法。常用的调查方法有以下几个。

（1）跟班作业。通过亲身参加业务工作来了解业务活动的情况。通过这种方法可以比较准确地了解用户的需求，但比较耗费时间。

（2）开调查会。通过与用户座谈来了解业务活动情况及用户需求。座谈时，参加者和用户之间可以相互启发。

（3）请专人介绍。请比较了解的专业人员做详细介绍。

（4）询问。对某些调查中的问题，可以找专人询问。

（5）问卷调查。设计调查表请用户填写。如果调查表设计得合理，这种方法是很有效的，也易于为用户所接受。

（6）查阅记录。查阅与原系统有关的数据记录。

需求调查的方法有很多，常常综合使用各种方法。对用户对象的专业知识和业务过程了解得越详细，为数据库设计所做的准备就越充分，并且确信没有大的漏洞。设计人员应考虑将来对系统功能的扩充和改变，所以要尽量把系统设计得易于修改。

在调查了解了用户的需求之后，还需要进一步分析和表达用户的需求。在众多的分析方法中，结构化分析（Structured Analysis，SA）方法是一种简单实用的方法。SA 方法从最上层的系统组织机构入手，采用自顶向下、逐层分解的方式分析系统，它把任何一个系统都抽象为如图 8-2 所示的系统高层抽象图。

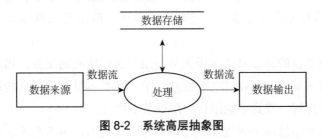

图 8-2　系统高层抽象图

数据流图表达了数据和处理过程的关系。在 SA 方法中，处理过程的处理逻辑常常借助于判定表或判定树来描述。系统中的数据则借助于数据字典（Data Dictionary，DD）来描述。

对用户需求进行分析与表达后，必须提交给用户，征得用户的认可。

三、数据流图（DFD）

1. 数据流图的符号

数据流用带名字的箭头表示，名字表示流经的数据，箭头则表示流向，如图 8-3 所示。例如，"成绩单"数据流由学生名、课程名、学期、成绩等数据组成。

 ———→	代表数据流，箭头表示数据流的方向
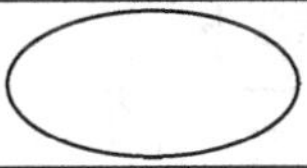 ⬭	称为处理，代表数据的处理逻辑
 ▭	称为数据库存储文件，代表数据存储
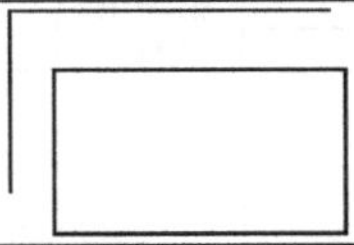 ▯	代表系统之外的信息，提供者或使用者

图 8-3　数据流图的符号说明

2. 加工

加工是对数据进行的操作或处理。加工包括两方面的内容：一是变换数据的组成，即改变数据结构；二是在原有的数据内容基础上增加新的内容，形成新的数据。例如，在学生成绩管理系统中，"选课"是一个加工，它把学生信息和开设的课程信息进行处理后生成学生的选课清单。

3. 文件

文件是数据暂时存储或永久保存的地方，如学生表、课程表。

4. 外部实体

外部实体是指独立于系统而存在的，但又和系统有联系的实体，它表示数据的外部来源和最后去向。确定系统与外部环境之间的界限，从而可确定系统的范围。外部实体可以是某种人员、组织、系统或某事物。例如，在学生成绩管理系统中，家长可以作为外部实体存在，因为家长不是该系统要研究的实体，但他可以查询本系统中有关学生的成绩。

构造数据流图的目的是使系统分析人员与用户进行明确的交流，指导系统设计，并为下一阶段的工作打下基础。所以 DFD 既要简单，又要容易被理解。构造数据流图通常采用自顶向下、逐层分解，直到功能细化，形成若干层次。

图 8-4 所示的是学校图书管理系统的第一层数据流图，图 8-5 所示的是第二层数据流图（读者借阅，读者还书，读者查询，管理员查询，管理员修改），图 8-6 所示的是第三层数据流图中的读者借阅部分。

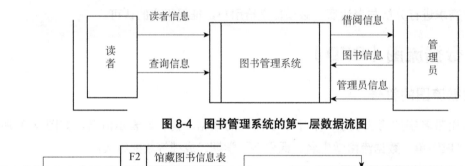

图 8-4　图书管理系统的第一层数据流图

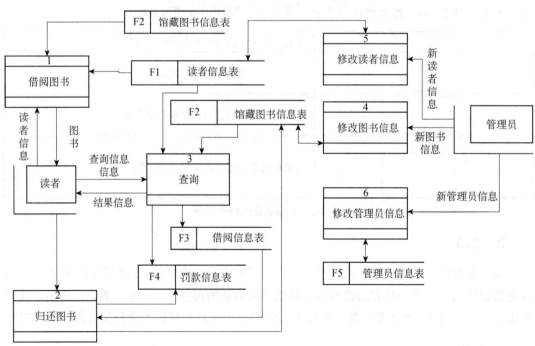

图 8-5　第二层数据流图

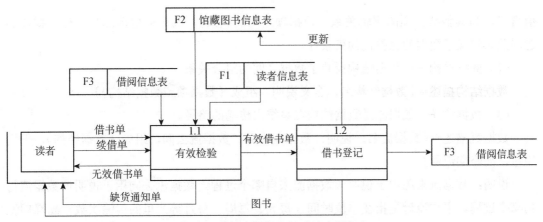

图 8-6   第三层数据流图（读者借阅）

四、数据字典

数据流图表达了数据和处理的关系，数据字典则是以特定格式记录下来的，对数据流图中各个基本要素（数据流、文件、加工等）的具体内容和特征所做的完整的对应与说明。

数据字典是对数据流图的注释和重要补充，它帮助系统分析人员全面确定用户的要求，并为以后的系统设计提供参考依据。表 8-2 给出了数据字典中的基本符号及其含义。

表 8-2   数据字典中的基本符号及其含义

符号	含义	说明
=	表示被定义为	用于对 "=" 左边的 10 个条目（reaid、reaname、reasex、reano、realbid、reatype、readep、reagrade、reapref、readate）进行确切的定义
+	表示与关系	例如，x=a+b 表示 x 由 a 和 b 共同构成
[ ] [,]	表示或关系	例如，x=[a|b]与 x=[a，b]等价，表示 x 由 a 或 b 组成
{ }	表示重复	大括号中的内容重复 0 到多次
m { } n	表示规定次数的重复	重复的次数最少 m 次，最多 n 次
"…"	表示基本数据元素	" " 中的内容是基本数据元素，不可再分
..	连接符	例如，month=1··12 表示 month 可取 1～12 中的任意值
**	表示注释	两个星号之间的内容为注释信息

数据字典的内容包括：数据项、数据结构、数据流、数据存储和处理过程 5 个部分。其中数据项是数据的最小组成单位，若干个数据项可以组成一个数据结构，数据字典通过对数据项和数据结构的定义来描述数据流。

（1）数据项——数据项是不可再分的数据单位。

数据项描述={数据项名，数据项含义说明，别名，数据类型，长度，取值范围，取值含义，与其他数据项的逻辑关系，数据项之间的联系｝，其中取值范围与其他数据项的逻辑关系定义了数据的完整性约束条件。

（2）数据结构——数据结构反映了数据之间的组合关系。

数据结构描述=｛数据结构名，含义说明，组成｛数据项或数据结构｝｝。

（3）数据流——数据流是数据结构在系统内传输的路径。

数据流描述=｛数据流名，说明，数据流来源，数据流去向，组成｛数据结构｝，平均流量，高峰期流量｝。

说明：数据流来源用于说明该数据流来自哪个过程。数据流去向用于说明该数据流将到哪个过程。平均流量是指在单位时间（每天、每周、每月等）里的传输次数。高峰期流量则是指在高峰时期的数据流量。

（4）数据存储——数据存储是数据结构停留或保存的地方，也是数据流的来源和去向之一。

数据存储描述=｛数据存储名，说明，编号，流入的数据流，流出的数据流，组成，数据结构，数据量，存取方式｝。

说明：流入的数据流用于指出数据来源。流出的数据流用于指出数据去向。数据量指每次存取多少数据，每天（或每小时，每周等）存取几次等信息。存取方式有批处理/联机处理、检索/更新、顺序检索/随机检索。

（5）处理过程——处理过程的具体处理逻辑一般用判定表或判定树来描述。数据字典中只描述处理过程的说明性信息。

处理过程描述=｛处理过程名，说明，输入｛数据流｝，输出｛数据流处理｛简要说明｝｝。其中，"简要说明"主要用于说明该处理过程的功能及处理要求。

功能：说明该处理过程用来做什么。

处理要求：说明处理频度要求（如单位时间里处理多少事务、多少数据量），响应时间要求等，是后面物理设计的输入及性能评价的标准。

可见数据字典是关于数据库中数据的描述，即元数据，而不是数据本身。数据字典是在需求分析阶段建立的，在数据库设计过程中应不断地进行修改、充实和完善。下面以图书管理系统数据流图中几个元素的定义加以说明。

（1）数据项名：图书名。

说明：图书的名称。

别名：书名。

数据类型：字符串型，20 个长度。

（2）数据结构名：读者信息。

别名：读者表。

描述：读者的基本信息。

组成：读者号、读者姓名、读者性别、读者编号、读者类型、读者系号、读者年级等。

（3）处理过程：借阅图书。

输入数据流：读者号、图书号、借书日期。

输出数据流：借阅信息表。

说明：把读者的借阅信息记录在数据库中。

（4）数据存储名：借阅信息表。

说明：用来记录读者的借阅情况。

组成：图书号、读者号、图书名称、图书作者、借入时间、归还时间。

流入的数据流：提供各项数据的显示、提取读者、图书的信息。

流出的数据流：图书的借阅归还等情况。

第三节　信息的三种世界

一、现实世界

现实世界是由各种事物以及事物之间错综复杂的联系组成的，计算机不能直接对这些事物和联系进行处理。计算机能处理的内容仅是一些数字化的信息，因此必须对现实世界的事物进行抽象并转化为数字化信息后才能在计算机上进行处理。比如说，我们现在所处的这个世界就是现实世界，人与人之间有联系，物与物之间也有联系。

微课：信息的三个世界

二、信息世界

信息世界是现实世界在人脑中的反映。现实世界中的事物、事物特性和事物之间的联系在信息世界中分别反映为实体、实体的属性和实体之间的联系。信息世界涉及的概念主要有实体、属性、域、码、实体型等。

（1）实体（Entity）。实体是客观存在的可以相互区别的事物或概念。实体可以是具体的事物，也可以是抽象的概念。例如，一家工厂、一个学生是具体的事物，教师的授课、借阅图书、比赛等活动是抽象的概念。

（2）属性（Attribute）。描述实体的特性称为属性。一个实体可以用若干个属性来描述，如学生实体由学号、姓名、性别、出生日期等若干个属性组成。实体的属性用型（Type）和值（Value）来表示。例如，学生是一个实体，学生姓名、学号和性别等是属性的型，也称属性名，而具体的学生姓名如"张三、李四"，具体的学号如"20200101"，描述性别的"男、女"等是属性的值。

（3）域（Domain）。属性的取值范围称为该属性的域。例如，姓名属性的域定为 4 个汉字长的字符串，职工号定为 7 位整数等，性别的域为（男，女）。

（4）码（Key）。唯一标识实体的属性或属性集称为码。例如，学生的学号是学生实体的码。

（5）实体型（Entity Type）。具有相同属性的实体必然具有共同的特征和性质，用实体名及其属性名的集合来抽象和刻画同类实体，称为实体型。例如，学生（学号，姓名，性别，出生日期，系）就是一个实体型。

（6）实体集（Entity Set）。同类实体的集合称为实体集。例如，所有学生、一批图书等。

（7）联系（Relationship）。联系包括实体内部的联系与实体之间的联系。实体内部的联系指实体的各个属性之间的联系，实体之间的联系指不同实体集之间的联系。实体内部的联系，如"教工"实体的"职称"与"工资等级"属性之间就有一定的联系（约束条件），教工的职称越高，往往工资等级也就越高。实体之间的联系，比如"教师"实体和"课程"实体，教师授课使两者产生联系。

三、机器世界

信息世界中的信息经过转换后，形成计算机能够处理的数据，就进入了机器世界（也称计算机世界、数据世界）。事实上，信息必须要用一定的数据形式来表示，因为计算机能够接收和处理的只是数据。机器世界涉及的概念主要有数据项、记录、文件和键。

（1）数据项（Item）：用于标识实体属性的符号集。

（2）记录（Record）：数据项的有序集合，一个记录描述一个实体。

（3）文件（File）：同一类记录的汇集，用于描述实体集。

（4）键（Key）：用于标识文件中每个记录的字段或集。

四、三个世界的关系

现实世界、信息世界和机器世界这三个领域处于由客观到认识、由认识到使用管理的三个不同层次，后一领域是前一领域的抽象描述。关于三个领域之间的术语对应关系，见表8-3。

表8-3　信息的三种世界术语的对应关系表

现实世界	信息世界	机器世界
事物总体	实体集	文件
事物个体	实体	记录
特征	属性	数据项
事物之间的联系	概念模型	数据模型

信息的三个世界的联系和转换过程如图8-7所示。

图 8-7　信息的三个世界的联系和转换过程

第四节　概念模型

一、概念模型涉及的基本概念

概念模型是对现实世界的抽象表示，是现实世界到机器世界的一个中间层次。可以利用概念模型进行数据库的设计以及在设计人员和用户之间进行交流。因此概念模型应该具有较强的语义表达能力，能够方便、直接地表达应用中的各种语义知识，并且应该易于用户理解。

微课：概念模型
（E-R 图）

二、实体联系的类型

1．两个实体集之间的联系

两个实体之间的联系可以分为 3 类：一对一、一对多、多对多。

（1）一对一联系（1∶1）

若有实体集 A 和 B，对于实体集 A 中的每一个实体，实体集 B 中至多有一个实体与之联系。反之亦然，则称实体集 A 与实体集 B 具有一对一的联系，记为 1∶1。

例如，在学校管理中，一个班级只有一个班长，而一个班长只在一个班中任职，则班级和班长之间是一对一的联系。此外，一个灯泡对应一个灯帽，一个灯帽也对应一个灯泡，所以也是一对一的联系，如图 8-8（a）和（b）所示。

（a）　　　　　　　　　　　　　　　　　　　（b）

图 8-8　两个实体集之间的 1∶1 联系

（2）一对多联系（1∶n）

若有实体集 A 和 B，对于实体集 A 中的每一个实体，实体集 B 中有 n 个实体与之联系，反之，对于实体集 B 中的每一个实体，实体集 A 中至多只有一个实体与之联系，则称实体集 A 与实体集 B 具有一对多的联系，记为 1∶n。

例如，出版社出版书籍，一家出版社可以出版多种书籍，但同一本书仅可由一家出版社出版，则出版社与书之间的联系就是一对多的联系。再例如，在一个家庭里，一个父亲可以有多个孩子，但是一个孩子只有一个父亲。如图 8-9 所示的两个实体集之间的 1∶n 联系。

图 8-9 两个实体集之间的 1：n 联系

（3）多对多联系（m：n）

若有实体集 A 和 B，对于实体集 A 中的每一个实体，实体集 B 中有 n 个实体与之联系，反之，对于实体集 B 中的每一个实体，实体集 A 中也有 m 个实体与之联系，则称实体集 A 与实体集 B 具有多对多的联系，记为 m：n。

例如，一本书可以由多个作者共同编著，而一个作者也可以编著不同的书，则作者与书之间的联系就是多对多的联系。再比如，一位教师可以讲授多门课程，而一门课程也可以由多位教师讲授，如图 8-10（a）和（b）所示。

图 8-10 两个实体集之间的 m：n 联系

在实体集之间的这三种联系中，一对一联系是一对多联系的特例，而一对多联系又是多对多联系的特例。

2. 两个以上实体集之间的联系

两个以上实体集之间也存在一对一、一对多、多对多联系。例如，学校毕业生进行毕业设计过程中，一位教师可以指导多名毕业生，一名毕业生只有一位老师指导；同时一位教师指导的毕业设计题目可以有多个，但每个题目只由一位老师来指导。教师、毕业生和毕业设计题目这三者之间是一对多的联系，如图 8-11 所示。

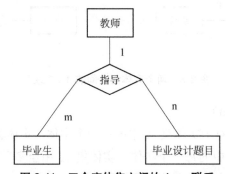

图 8-11 三个实体集之间的 1：n 联系

再比如，一个厂家可以生产多种零件组装多种产品，每个产品可以使用多个厂家生产的零件，每种零件可以由不同的厂家生产，则在厂家、零件和产品之间是多对多的联系，如图 8-12 所示。

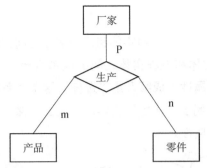

图 8-12　三个实体集之间的 m：n 联系

3. 实体集内部的联系

同一个实体集内的各实体之间也可以存在一对一、一对多和多对多的联系。

例如，在当今社会中，实行一夫一妻制，一个丈夫对应一个妻子，而一个妻子也只有一个丈夫，而夫妻都属于人这个实体集，因此他们之间是实体集内部的一对一联系。

又比如，学生实体集内部具有班长与学生之间的领导与被领导关系，即某一学生作为班长领导若干学生，而每个学生仅被一个班长直接领导，因此这是实体集内部的一对多联系，如图 8-13 所示。

图 8-13　实体集内部的 1：n 联系

再比如，课程和先修课都属于课程实体集，一门课程可以有多门先修课，一门课程也可以是多门课程的先修课。因此，这是实体集内部多对多的联系。

三、概念模型的表示方法

概念模型是用户与数据库设计人员之间进行交流的工具。常见的概念模型有实体联系模型（Entity Relationship Model，E-R 图）。

实体联系模型是 P.P.S.Chen 于 1976 年提出的。该模型是用 E-R 图来描述概念模型的一种常用的表示方法。E-R 图的基本语义单位是实体与联系，它可以形象地用图形表示实体、属性及其关系。E-R 模型有三要素：实体、属性、实体间的联系。

（1）实体：用矩形框来表示，框内标注实体名称。

（2）属性：用椭圆形表示，并用连线与实体或联系连接起来。

（3）实体间的联系：用菱形来表示，框内标注联系名称，并用连线将菱形框分别与有关实体相连，同时在连线旁标上联系的类型（1：1、1：n 或 m：n）。联系本身也是一种实体型，也可以有属性。如果一个联系具有属性，则这些属性也要与联系连接起来。假设一个属性既属于一个实体，又属于另外一个实体，那么就把这个属性当成是这两个实体之间联系的属性。

下面用 E-R 图表示学生实体、教师实体和课程实体之间的联系，学生实体与课程实体之间的联系为选修，教师实体和课程实体之间的联系为教授。这三种实体之间的联系的 E-R 图，如图 8-14 所示。属性"成绩"是"选修"这个联系的属性，因为成绩是对应于某个学生某门课程的，它既属于"学生"实体，又属于"课程"实体，所以就把"成绩"当成是"选修"这个联系的属性。

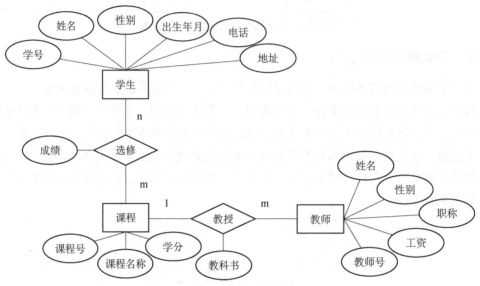

图 8-14　学生、教师、课程的 E-R 图

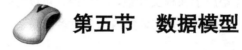 第五节　数据模型

一、数据模型的三要素

数据模型是现实世界数据特征的抽象和归纳，它可严格定义为一组概念的集合，这些概念精确地描述了系统的静态特性、动态特性和完整性约束条件，这就是数据模型的组成要素：数据结构、数据操作和完整性约束条件。

微课：数据模型

1. 数据结构

用于描述数据库系统的静态特性，主要描述数据类型、内容、性质的有关情况以及描述数据间的联系。通常，人们按照数据结构的类型来命名数据模型，如层次结构、网状结构、关系结构所对应的数据模型分别命名为层次模型、网状模型和关系模型。

2. 数据操作

用于描述数据库系统的动态特性。数据库主要有检索和更新（包括插入、删除、修改）两大类操作。数据模型必须定义这些操作的确切含义、操作符号、操作规则（如优先级）以及实现操作的语言。

3. 完整性约束条件

主要描述数据结构内数据间的语法、语义联系，它们之间的制约与依存关系以及数据动态变化的规则，以此来保证数据的正确、有效与相容。例如，在学校管理的信息系统中，要求学生性别只能是男或女，学生的成绩在数字 0 到 100 之间等。

二、常见的数据模型

数据模型是数据库系统的一个关键概念，数据模型不同，相应的数据库系统就完全不同，任何一个数据库管理系统都是基于某种数据模型的。数据库管理系统所支持的数据模型分为 3 种：层次模型、网状模型、关系模型。其中层次模型和网状模型是非关系模型，在 20 世纪 70 年代至 80 年代初很流行，现在逐步被关系模型取代。

1. 层次模型

用树形结构表示数据和数据之间的联系的模型称为层次模型，也称树状模型。层次模型是数据库发展史上最早出现的数据模型，其典型代表是 IBM 公司研制的曾经广泛使用的第一个大型商用数据库管理系统 IMS。层次模型的定义有以下两层含义。

● 有且仅有一个节点无父节点，这个节点称为根节点。
● 其他节点有且仅有一个父节点。

在层次模型中，根节点在最上层，其他节点都有上一级节点作为其双亲节点，这些节点称为双亲节点的子女节点，同一双亲节点的子女节点称为兄弟节点。没有子女的节点称为叶子节点。双亲节点和子女节点表示了实体间的一对多的联系。图 8-15 所示为一个教学院系层次模型实例。

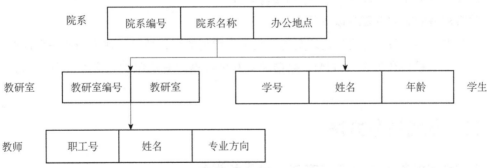

图 8-15 教学院系层次模型实例

2. 网状模型

网状模型是用网状结构表示实体及其之间联系的模型。网状模型的典型代表是 1970 年美国数据库系统语言协会提出的 DBTG 系统。

网状模型的定义也有两层含义。

● 可以有一个及以上节点无父节点。

● 至少有一个节点有一个以上父节点。

这样，在网状模型中，节点间的联系可以是任意的，任意两个节点间都能发生联系，更适于描述客观世界。图 8-16 所示的是一个简单的网状模型实例。

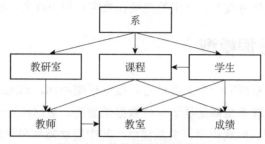

图 8-16　简单的网状模型实例

3. 关系模型

1970 年 IBM 公司的研究员 E.F.Codd 首次提出了关系模型的概念，开创和建立了关系数据库的理论基础。关系模型是用二维表结构来表示实体及实体之间联系的数据模型。关系模型是目前最重要的一种数据模型，当今国内外大多数数据库管理系统都是基于关系模型的。

关系模型的优点主要有以下几点。

（1）关系模型概念单一。无论是实体还是实体之间的联系都用关系来表示。

（2）关系模型是数学化的模型。它建立在严格的数学理论基础上，如集合论、数理逻辑、关系方法、规范化理论等。

（3）关系模型的存取路径对用户是透明的，从而使关系模型具有较高的数据独立性、更好的安全保密性，大大减轻了用户的编程工作。

关系模型的缺点主要有以下几点。

（1）由于存取路径对用户是透明的，使关系模型的查询效率往往不如非关系模型。

（2）关系模型在处理如 CAD 数据和多媒体数据时有局限性，必须和其他新技术相结合。

三、数据抽象方法

1. 数据抽象主要有两种方法：分类和聚集

（1）分类——分类就是定义某一类概念作为现实世界中一组对象的类型，并将一组具有某些共同特性和行为的对象抽象为一个实体。例如，在教学管理中，"王艳"是学生当中的一员，她具有学生们共同的特性和行为：在哪个班，学习哪个专业，年龄多大等。

（2）聚集——聚集就是定义某一类型的组成部分，并将对象类型的组成部分抽象为实体的属性。例如，学号、姓名、性别、年龄、系别等可以抽象为学生实体的属性。

2. 局部 E-R 图设计

局部 E-R 图设计首先需要根据系统的具体情况，在多层的数据流图中选择一个适当层次的数据流图，让这组图中的每一部分对应一个局部应用，然后以这一层次的数据流图为出发点，设计分 E-R 图。将各局部应用涉及的数据分别从数据字典中抽取出来，参照数据流图，确定各局部应用中的实体、实体的属性、标识实体的码、实体之间的联系及其类型（1∶1，1∶n，m∶n）。

实际上实体和属性是相对而言的。同一事物，在一种应用环境中作为"属性"，在另一种应用环境中就有可能作为"实体"。例如，如图 8-17 所示，大学中的"系"，在某种应用环境中，它只是作为"学生"实体的一个属性，表明一个学生属于哪个系。而在另一种环境中，由于需要考虑一个系的系主任、教师人数、办公地点等，因而它需要作为实体。

图 8-17　"系"由属性上升为实体的示意图

因此，为了解决这个问题，应当遵循以下两条基本准则。

（1）属性不能再具有需要描述的性质，即属性必须是不可分的数据项，不能再由另一些属性组成。

（2）属性不能与其他实体具有联系。联系只发生在实体之间。

符合上述两条特性的事物一般作为属性对待。为了简化 E-R 图的处理，现实世界中的事物凡能够作为属性对待的，应尽量作为属性。

【例 1】设有一个学籍管理系统，有以下实体。

学生：学号、姓名、出生年月

性别：性别

班级：班级号、学生人数

班主任：职工号、姓名、性别

宿舍：宿舍编号、地址、人数

上述实体中存在如下联系：①一位班主任管理一个班级；②一个班级由很多学生组成，不同的班级在不同的教室上课；③一间宿舍最多只能住一种性别的学生。根据上述约定，可以得到学籍管理局部应用的分 E-R 图，如图 8-18 所示。

【例 2】　设有一个课程管理局部 E-R 图，有以下实体。

学生：姓名、学号、性别、年龄、所在系、年级、平均成绩。

课程：课程号、课程名、学分。

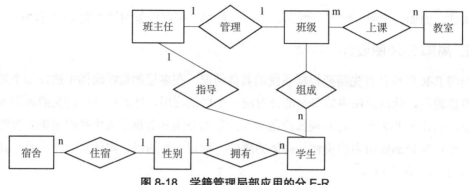

图 8-18　学籍管理局部应用的分 E-R

教师：职工号、姓名、性别、职称。

教科书：书号、书名、价格。

教室：教室编号、地址、容量。

上述实体中存在如下约束：一间教室只能开设一门课程；一门课程可以被多个学生选修，一个学生可以选修多门课程，每次选修都有成绩；一门课程可以被多位教师教授，一门课程只有一本教科书。根据上述约定，可以得到课程管理局部应用的分 E-R 图，如图 8-19 所示。

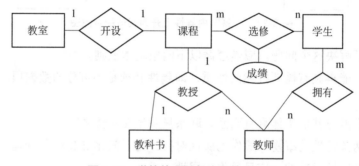

图 8-19　学籍管理局部应用的分 E-R

3. 全局 E-R 图设计

各个局部 E-R 图建立好后，还需要对它们进行合并，集成为一个整体的概念数据结构即全局 E-R 图。局部 E-R 图的集成有两种方法。

（1）多元集成法，也叫作一次集成，一次性将多个局部 E-R 图合并为一个全局 E-R 图，如图 8-20（a）所示。

（2）二元集成法，也叫作逐步集成，首先集成两个重要的局部 E-R 图，然后用累加的方法逐步将一个新的 E-R 图集成进来，如图 8-20（b）所示。

在实际应用中，可以根据系统复杂性选择这两种方案。如果局部图比较简单，可以采用一次集成法。在一般情况下，可以采用逐步集成法，即每次只综合两个图，这样可降低难度。无论使用哪一种方法，E-R 图集成均分为以下两个步骤。

（1）合并——消除各局部 E-R 图之间的冲突，生成初步 E-R 图。

（2）优化——消除不必要的冗余，生成基本 E-R 图。

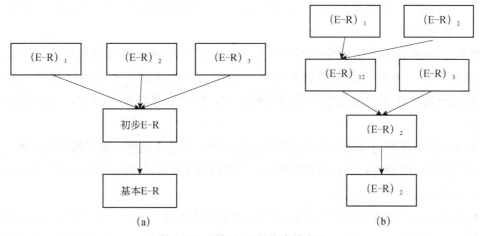

图 8-20　局部 E-R 图集成的方法

四、各分 E-R 图之间的冲突及解决办法

1. 合并分 E-R 图，生成初步 E-R 图

这个步骤将所有的局部 E-R 图综合成全局概念结构。全局概念结构不仅要支持所有的局部 E-R 模型，而且必须合理地表示一个完整、一致的数据库概念结构。由于各个局部应用所面向的问题不同，并且通常由不同的设计人员进行局部 E-R 图设计，因此，各局部 E-R 图不可避免地会有许多不一致的地方，通常把这种现象称为冲突。

因此当合并局部 E-R 图时并不是简单地将各个 E-R 图画到一起，而是必须消除各个局部 E-R 图中的不一致，使合并后的全局概念结构不仅支持所有的局部 E-R 模型，而且必须是一个能为全系统中所有用户共同理解和接受的统一的概念模型。合并局部 E-R 图的关键就是合理消除各局部 E-R 图中的冲突。

E-R 图中的冲突有 3 种：属性冲突、命名冲突和结构冲突。

（1）属性冲突。属性冲突又分为属性值域冲突和属性的取值单位冲突。属性冲突属于用户业务上的约定，必须与用户协商后解决。

● 属性值域冲突，即属性值的类型、取值范围或取值集合不同。例如，学生的学号，通常用数字表示，所以有些部门就将其定义为数值型，而有些部门则将其定义为字符型。

● 属性的取值单位冲突。比如零件的质量，有的以千克为单位，有的以公斤为单位，有的则以克为单位。

（2）命名冲突。命名不一致可能发生在实体名、属性名或联系名之间，其中属性的命名冲突最为常见。一般表现为同名异义或异名同义。命名冲突的解决方法与属性冲突相同，需要与各部门协商、讨论后加以解决。

● 同名异义，即同一名字的对象在不同的局部应用中具有不同的意义。例如，"单位"在某些部门表示为人员所在的部门，而在某些部门可能表示物品的质量、长度等属性。

● 异名同义，即同一意义的对象在不同的局部应用中具有不同的名称。例如，对于"房间"这个名称，在教务管理部门中对应教室，而在后勤管理部门中对应学生宿舍。

（3）结构冲突。

● 同一对象在不同应用中有不同的抽象，可能为实体，也可能为属性。例如，教师的职称在某一局部应用中被当作实体，而在另一局部应用中被当作属性。解决方法：使同一对象在不同应用中具有相同的抽象，或把实体转换为属性，或把属性转换为实体。

● 同一实体在不同局部应用中的属性组成不同，可能是属性个数或属性的排列次序不同。解决方法：将合并后的实体的属性组成为各局部 E-R 图中的同名实体属性的并集，然后再适当调整属性的排列次序。

● 实体之间的联系在不同局部应用中呈现不同的类型。例如，局部应用 X 中 E1 与 E2 的联系可能是一对一联系，而在另一局部应用 Y 中可能是一对多或多对多联系，也可能是在 E1、E2、E3 三者之间有联系。解决方法：根据应用语义对实体联系的类型进行综合或调整。

下面以图 8-18 和图 8-19 中已画出的两个局部 E-R 图为例，来说明如何消除各局部 E-R 图之间的冲突，并进行局部 E-R 模型的合并，从而生成初步 E-R 图。

两个分 E-R 图存在如下冲突。

（1）班主任实际上也属教师。将教师和班主任统一为教师，教师的属性构成如下：职工号、姓名、性别、职称、是否为班主任。

（2）将班主任改为教师后，则教师与学生之间的联系在两个图中呈现两种不同的类型，将教师和学生之间的联系统一为教学联系。

（3）性别在两个图中有不同的抽象，将性别统一当作实体处理。

（4）两个图中学生的属性不同，学生的属性统一为：学号、姓名、出生年月、年龄、所在系、年级、平均成绩。

2. 消除不必要的冗余，生成基本 E-R 图

在初步的 E-R 图中，可能存在冗余的数据和冗余的实体之间的联系。冗余的数据是指可以由基本数据导出的数据，冗余的联系是指由其他的联系导出的联系。冗余的存在容易破坏数据库的完整性，给数据库的维护增加困难，应该消除。当然，不是所有的冗余数据和冗余联系都必须加以消除，有时为了提高某些应用的效率，不得不以冗余信息作为代价。设计数据库概念模型时，哪些冗余信息必须消除、哪些冗余信息允许存在，需要根据用户的整体需求来确定。把消除了冗余的初步 E-R 图称为基本 E-R 图。

通常采用分析的方法来消除冗余。数据字典是分析冗余数据的依据，还可以通过数据流图分析出冗余的联系。如在图 8-18 和图 8-19 所示的初步 E-R 图中，两个分 E-R 图存在

如下冗余数据和冗余联系。

（1）年龄可由出生年月推算，将年龄属性去掉。

（2）教室与班级之间的上课联系可以由教室与课程之间的开设联系、课程与学生之间的选修联系、学生与班级之间的组成联系三者推导出来，将教室和班级之间的上课联系消去。

（3）平均成绩可以从选修联系的成绩中计算出来，将平均成绩去掉。

这样，图 8-18 和图 8-19 的初步 E-R 图在消除冗余数据和冗余联系后，便可得到基本的 E-R 模型，如图 8-21 所示。

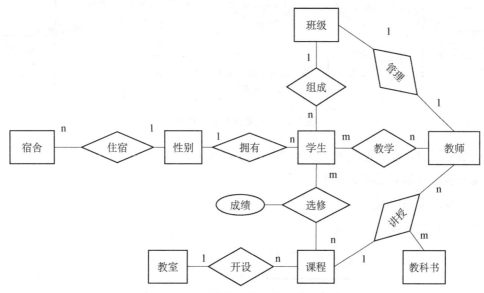

图 8-21　学生管理子系统基本 E-R 图

最终得到的基本 E-R 模型就是概念模型，它代表了用户的数据要求，是沟通"要求"和"设计"的桥梁，它决定了数据库的总体逻辑结构，是成功创建数据库的关键。如果设计不好，就不能充分发挥数据库的功能，无法满足用户的处理要求。

因此，用户和数据库人员必须对这一模型反复讨论，在用户确认这一模型已正确无误地反映了他们的要求之后，才能进入下一阶段的设计工作。

 第六节　逻辑结构设计

概念结构设计阶段得到的 E-R 图是用户的模型，它独立于任何一种数据模型，独立于任何一个具体的 DBMS。为了创建用户所要求的数据库，需要把上述概念模型转换为某个具体的 DBMS 所支持的数据模型。数据库逻辑设计的过程就是将概念结构转换成特定 DBMS 所支持的数据模型的过程，从此开始便进入了"实现设计"阶段，需要考

微课：由 E-R 图到关系模型

虑具体的 DBMS 的性能、具体的数据模型特点。

E-R 图所表示的概念模型可以转换成任何一种具体的 DBMS 所支持的数据模型，如网状模型、层次模型和关系模型。这里只讨论关系数据库的逻辑设计问题，所以只介绍 E-R 图如何向关系模型进行转换，如图 8-22 所示。

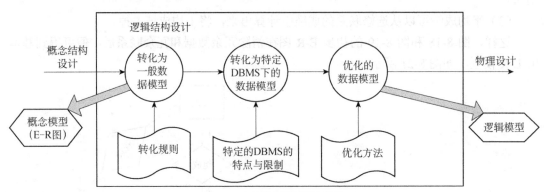

图 8-22   逻辑结构设计任务

一般的逻辑设计分为以下 3 步（如图 8-23 所示）。

第一步：初始关系模式设计。

第二步：关系模式规范化。

第三步：模式评价与改进。

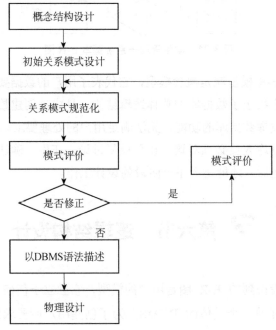

图 8-23   关系数据库的逻辑设计

一、基本 E-R 图转换为关系模型的基本方法

1. 转换原则

概念设计中得到的 E-R 图是由实体、属性和联系组成的，而关系数据库逻辑设计的结果是一组关系模式的集合。所以将 E-R 图转换为关系模型实际上就是将实体、属性和联系转换成关系模式，在转换过程中要遵循以下规则。

【规则 1】实体类型的转换：将每个实体类型转换成一个关系模式，实体的属性即为关系的属性，实体的码即为关系模式的码。

【规则 2】联系类型的转换：根据不同的联系类型做不同的处理。

【规则 2-1】若实体间联系是 1：1，可以将联系类型转换成独立的一个关系模式，或者在任意一个关系模式中加入另一个关系模式的码和联系的属性。

【规则 2-2】若实体间的联系是 1：n，则在 n 端实体类型转换成的关系模式中加入 1 端实体类型的码和联系类型的属性。

【规则 2-3】若实体间联系是 m：n，则将联系类型也转换成关系模式，其属性为两端实体类型的码加上联系类型的属性，而码为两端实体码的组合。

【规则 2-4】3 个或 3 个以上的实体间的一个多元联系，不管联系类型是何种方法，总是将多元联系类型转换成一个关系模式，其属性为与该联系相连的各实体的码及联系本身的属性，其码为各实体码的组合。

【规则 2-5】具有相同码的关系可合并。

2. 实例

【例 3】将图 8-24 中含有 1：1 联系的 E-R 图根据上述规则转换为关系模式。

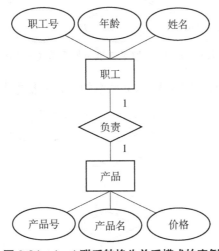

图 8-24　1：1 联系转换为关系模式的实例

该例包含两个实体，实体间存在着 1：1 的联系，根据【规则 1】和【规则 2-1】可转换为如下关系模式（带下划线的属性为码）。

方案一：将"负责"与"职工"关系模式合并，转换后的关系模式为：

职工（<u>职工号</u>，姓名，年龄，产品号）

产品（<u>产品号</u>，产品名，价格）

方案二：将"负责"与"产品"关系模式合并，转换后的关系模式为：

职工（<u>职工号</u>，姓名，年龄）

产品（<u>产品号</u>，产品名，价格，职工号）

将上面两个方案进行比较，方案一中，由于并不是每个职工都负责产品，就会造成产品号属性的 NULL 值较多，所以方案二比较合理一些。

【例4】将图8-25中含有1∶n联系的E-R图根据上述规则转换为关系模式。

该例包含两个实体，实体间存在着1∶n的联系，根据【规则1】和【规则2-2】可转换为如下关系模式（带下划线的属性为码）：

仓库（<u>仓库号</u>，地点，面积）

产品（<u>产品号</u>，产品名，价格，仓库号，数量）

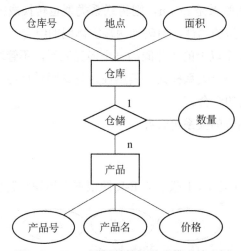

图 8-25　1∶n 联系转换为关系模式的实例

【例5】将图8-26中含有同实体集1∶n联系的E-R图根据上述规则转换为关系模式。

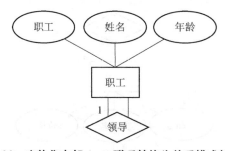

图 8-26　实体集内部 1∶n 联系转换为关系模式的实例

【例6】将图8-27中含有m∶n联系的E-R图根据规则转换为关系模式。

分析：该例包含两个实体，实体间存在着m的联系根据【规则 1】和【规则 2-3】可转换为如下关系模式（带下划线的属性为码）：

商店（<u>店号</u>，店名，店址，店经理）

商品（<u>商品号</u>，商品名，单价，产地）

经营（<u>店号</u>，<u>商品号</u>，月销量）

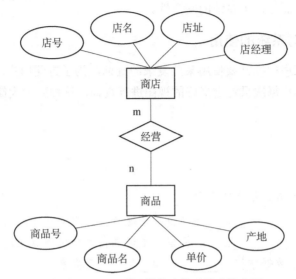

图 8-27　m∶n 联系转换为关系模式的实例

二、用户子模式的设计

将概念模型转换为全局逻辑模型后，还应根据局部应用需求，结合具体 DBMS 的特点，设计用户的子模式。

目前关系数据库管理系统一般都提供了视图（View）的概念，可以利用这一功能设计更符合局部用户需要的用户子模式。

定义数据库全局模式主要从系统的时间效率、空间效率、易维护等角度出发。由于用户子模式与模式是相对独立的，因此在定义用户子模式时可以重点考虑用户的习惯与使用的方便，具体包括如下几点。

1．使用更符合用户习惯的别名

在合并各分 E-R 图时，曾做了消除命名冲突的工作，以使数据库系统中同一关系和属性具有唯一的名字，这在设计数据库整体结构时是非常必要的。用视图重新定义某些属性名，使其与用户习惯一致，以方便用户的使用。

2．对不同级别的用户定义不同的视图，以保证系统的安全性

假设有关系模式：产品（产品号，产品名，规格，单价，生产车间，生产负责人，产品成本，产品合格率，质量等级），则可以在产品关系上建立两个视图。

（1）为一般顾客建立视图：产品顾客（产品号，产品名，规格，单价）。

（2）为产品销售部门建立视图：产品销售（产品号，产品名，规格，单价，车间，生产负责人）。

顾客视图中只包含允许顾客查询的属性，销售部门视图中只包含允许销售部门查询的属性，生产领导部门则可以查询全部产品数据。这样就可以防止用户非法访问本来不允许他们查询的数据，从而保证了系统的安全性。

3. 简化用户对系统的使用

如果某些局部应用中经常要使用某些复杂的查询，为了方便用户，可以将这些复杂的查询定义为视图，用户每次只对定义好的视图进行查询，这样就大大简化了用户的工作。

实训

一、填空题

1．信息的三种世界是指现实世界、_____、_____。

2．概念模型属于_____世界的模型，是建立在用户观点上对数据的一次抽象。

3．数据模型属于_____世界的模型，是建立在计算机观点上对数据的二次抽象。

4．数据模型包括数据结构、_____和_____三要素。

5．常见的数据模型有_____、_____和_____。目前应用最广泛的是_____模型。

6．实体的联系类型有三种，分别是一对一、_____和_____

二、单选题

1．一台机器可以加工多种零件，每一种零件可以在多台机器上加工，机器和零件之间为（　　）的联系。

A．一对一　　　　　　　B．一对多　　　　　　C．多对一　　　　　　D．多对多

2．E-R 图是（　　）模型。

A．数据　　　　　　　　B．概念　　　　　　　C．过程　　　　　　　D．状态

3．关系模型中，候选码（　　）。

A．可由多个任意属性组成

B．至多由一个属性组成

C．可由一个或多个其值能唯一标识该关系模式中任何元祖的属性组成

D．以上说法都不正确

三、判断题

1．码又称关键字，是唯一标识一个实体的属性或者属性组。（　　　　）

2．客观存在并可相互区别的事物称为实体。（　　　　）

3．关系模型中，实体集和实体集的联系都可以用二维表来表示。（　　　　）

四、综合题

1．商店和顾客两个实体，"商店"有属性：商店编号、商店名、地址、电话，"顾

客"有属性：顾客编号、姓名、地址、年龄、性别。假设一个商店有多个顾客购物，一个顾客可以到多个商店购物，顾客每次去商店购物有一个消费金额和日期，而且规定每个顾客在每个商店里每天最多消费一次。

（1）试画出 E-R 图，并注明属性和联系类型。

（2）将 E-R 图转换成关系模型，并注明主码和外码。

2．每个学生选修若干门课程，且每个学生每选一门课只有一个成绩，每个教师只担任一门课的教学，一门课由若干教师任教。"学生"有属性：学号、姓名、地址、年龄、性别。"教师"有属性：职工号、教师姓名、职称。"课程"有属性：课程号、课程名。

（1）试画出 E-R 图，并注明属性和联系类型。

（2）将 E-R 图转换成关系模型，并注明主码和外码。

3．商业公司数据库中有三个实体集，一是"公司"实体集，属性有公司编号、公司名、地址等；二是"仓库"实体集，属性有仓库编号、仓库名、地址等；三是"职工"实体集，属性有职工编号、姓名、性别等。每个公司有若干个仓库，每个仓库只能属于 1 个公司，每个仓库可聘用若干职工，每个职工只能在一个仓库工作，仓库聘用职工有聘期和工资。

（1）试画出 E-R 图。

（2）将 E-R 图转换成关系模型，并注明主码和外码。

4．研究所有多名科研人员，每一个科研人员只属于一个研究所，研究所有多个科研项目，每个科研项目有多名科研人员参加，每个科研人员可以参加多个科研项目。科研人员参加项目要统计工作量。"研究所"有属性：编号、名称、地址，"科研人员"有属性：职工号、姓名、性别、年龄、职称。"科研项目"有属性：项目号、项目名、经费。

（1）试画出 E-R 图，并注明属性和联系类型。

（2）将 E-R 图转换成关系模型，并注明主码和外码。

5．学生报考系统，实体"考生"有属性：准考证号、姓名、年龄、性别，实体"课程"有属性：课程编号、名称、性质。一名考生可以报考多门课程，考生报考还有报考日期、成绩等信息。

（1）试画出 E-R 图，并注明属性和联系类型。

（2）将 E-R 图转换成关系模型，并注明主码和外码。

6．销售管理系统，实体"产品"有属性：产品编号、产品名称、规格、单价，实体"顾客"有属性：顾客编号、姓名、地址。假设顾客每天最多采购一次，一次可以采购多种产品，顾客采购时还有采购日期、采购数量等信息。

（1）试画出 E-R 图，并注明属性和联系类型。

（2）将 E-R 图转换成关系模型，并注明主码和外码。

7．运动员和比赛项目两个实体，"运动员"有属性：运动员编号、姓名、单位、性别、年龄，"比赛项目"有属性：项目号、名称、最好成绩。一个运动员可以参加多个项目，一个项目由多名运动员参加，运动员参赛还包括比赛时间、比赛成绩等信息。

（1）试画出 E-R 图，并注明属性和联系类型。

（2）将 E-R 图转换成关系模型，并注明主码和外码。

8．某工厂生产若干产品，每种产品由不同的零件组成，有的零件用在不同的产品上。这些零件由不同的原材料制成。不同的零件所用的材料可以相同。这些零件按所属的不同产品分别放在仓库中，原材料按类型放在若干仓库中。产品属性有：编号、名称；零件属性有：编号、名称；材料属性有：编号、名称、材料类型；仓库属性有：编号、名称、地点。

（1）试画出 E-R 图，并注明属性和联系类型。

（2）将 E-R 图转换成关系模型，并注明主码和外码。

 任务 9　T-SQL 语言

【学习目标】

知识目标：

➤ 了解 T-SQL 语言的基础知识；

➤ 熟练掌握变量定义、赋值和显示的方法；

➤ 熟练掌握流程控制语句。

能力目标：

➤ 能够熟练使用条件判断语句；

➤ 能够熟练使用循环语句。

数据库结构：

➤ 学生（学号，姓名，性别，年龄，所在系，总学分）

➤ 课程（课程号，课程名，学分，先行课）

➤ 选课（学号，课程号，成绩）

 ## 第一节　T-SQL 语言基础

　　T-SQL 即 Transact-SQL，是 SQL 语言的一种版本，是 SQL 在 Microsoft SQL Server 上的增强版，是用来让应用程序与 SQL Server 沟通的主要语言。T-SQL 提供标准 SQL 的 DDL 和 DML 功能，加上延伸的函数、系统预存程序以及程式设计结构（例如 if 和 while）让程式设计更有弹性。

微课：T-SQL 基础

一、标识符

可以用作标识符的字符介绍如下。

● 英文字符：A~Z 或 a~z，在 SQL 中是不区别大小写的。

● 数字：0~9，但数字不得作为标识符的第一个字符。

● 特殊字符：_、#、@、$，但$不得作为标识符的第一个字符。

● 特殊语系的合法文字：例如，中文文字也可以作为标识符的合法字符。

注意：由英文字母、数字、_、#、@、$或者汉字组成的标识符中，不可以数字或$开头。标识符不能是 SQL 的关键词。例如："table""TABLE""select""SELECT"都不能作为标识符。标识符中不能有空格符或_、#、@、$之外的特殊符号。标识符的长度不得超过 128 个字符长度。

二、数据类型

T-SQL 中的数据类型如表 9-1 所示。

表 9-1　数据类型

名称	数据类型
二进制数	binary（n），varbinary（n）
字符	char（n），varchar（n）
日期和时间	datatime，smalldatetime
精确数值	decimal（p，s），numeric（p，s）
近似数值	float（n），real
整数	int，smallint，tinyint
货币	money，smallmoney
文本	text
图像	image
逻辑位	bit
时间戳	timestamp

详细的数据类型介绍和使用，请参考帮助系统。

三、常量

字符型常量，如：'abcde'。

整型常量，如：11，70，1200 等。

实型常量，如：3.14，3.5 等。

日期型常量，如：6/25/83，may 11 2020 等。

货币常量，如：$1000 等。

四、变量

1. 变量分类

局部变量以@为变量名称开头，是由用户定义的变量，这些变量可以用来保存数值、字符串等数据。

2. 全局变量

全局变量可以用 select、print 显示当前值。通常用来跟踪服务器范围和特定会话期间的信息，不能被用户显式地定义和赋值。可以通过访问全局变量来了解系统目前的一些状态信息。常用全局变量如表 9-2 所示。

表 9-2　常用全局变量

全局变量名称	描述
@@connections	返回 SQL Server 自上次启动以来尝试的连接数
@@cpu_busy	返回 SQL Server 自上次启动后的工作时间
@@cursor_rows	返回当前会话中，最后一次访问游标中的行数
@@datefirst	针对会话返回 set datefirst 的当前值，set datefirst 表示指定的每周的第一天
@@dbts	返回当前数据库中当前 timestamp 数据类型的值，这一时间戳值在数据库中必须是唯一的
@@error	返回执行的上一个 T-SQL 语句的错误号，如果前一个 T-SQL 语句执行没有错误，则返回 0
@@fetch_status	返回针对连接当前打开的任何游标发出的上一条游标 fetch 语句的状态
@@identity	返回上次插入的标识值
@@idle	返回 SQL Server 自上次启动后的空闲时间。结果以 CPU 时间增量或"时钟周期"表示，并且是所有 CPU 的累积
@@io_busy	返回自从 SQL Server 最近一次启动以来，Microsoft SQL Server 已经用于执行输入和输出操作的时间。其结果是 CPU 时间增量（时钟周期），并且是所有 CPU 的累积值
@@langid	返回当前使用的语言的本地语言标识符（ID）
@@language	返回当前所用语言的名称
@@lock_timeout	返回当前会话的当前锁定超时设置（毫秒）
@@max_connections	返回 SQL Server 实例允许同时进行的最大用户连接数。返回的数值不一定是当前配置的数值
@@max_precision	按照服务器中的当前设置，返回 decimal 和 numeric 数据类型所用的精度级别
@@nestlevel	返回对本地服务器上执行的当前存储过程的嵌套级别（初始值为 0）
@@options	返回有关当前 SET 选项的信息
@@pack_received	返回 SQL Server 自上次启动后从网络读取的输入数据包数
@@pack_sent	返回 SQL Server 自上次启动后写入网络的输出数据包个数
@@packet_errors	返回自上次启动 SQL Server 后，在 SQL Server 连接上发生的网络数据包错误数
@@procid	返回 T-SQL 当前模块的对象标识符（ID）。T-SQL 模块可以是存储过程、用户定义函数或触发器

全局变量名称	描述
@@remserver	返回远程 SQL Server 数据库服务器在登录记录中显示的名称
@@rowcount	返回受上一语句影响的行数
@@servername	返回运行 SQL Server 的本地服务器的名称
@@servicename	返回 SQL Server 正在其下运行的注册表项的名称。若当前实例为默认实例，则@@servicename 返回 MSSQLSERVER
@@spid	返回当前用户进程的会话 ID
@@textsize	返回 set 语句中的 textsize 选项的当前值
@@timeticks	返回每个时钟周期的微秒数
@@total_errors	返回 SQL Server 自上次启动之后所遇到的磁盘写入错误数
@@total_read	返回 SQL Server 自上次启动后读取磁盘（不是读取高速缓存）的次数
@@total_write	返回 SQL Server 自上次启动以来所执行的磁盘写入次数
@@trancount	返回当前连接的活动事务数
@@version	返回当前的 SQL Server 安装的版本、处理器体系结构、生成日期和操作系统

全局变量的使用方法可以参考以下三段代码（结果见图 9-1）：

```
select @@servername    --返回 SQL 服务器名称
select @@language      --返回当前使用语言名
select @@version       --返回 SQL 服务器安装日期、版本和处理器类型
```

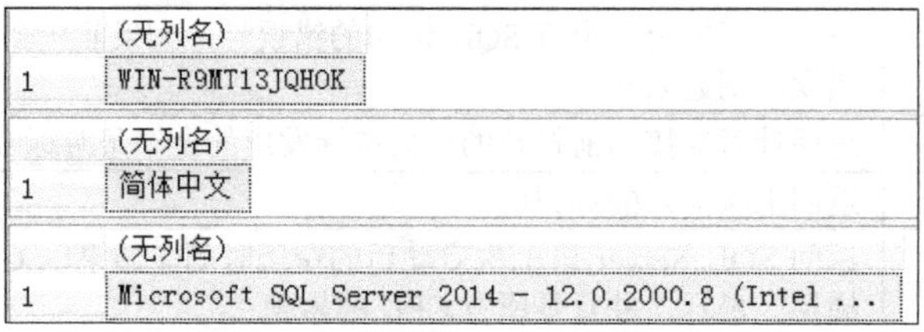

图 9-1　全局变量的使用方法示例

2. 局部变量

（1）局部变量定义

```
declare   @变量名   数据类型
```

说明：一次可以声明多个局部变量，局部变量在声明后均初始化为 null。

【例 1】定义变量@a，@n。

（2）局部变量赋值

```
declare @a char（8）
declare @n int        --SQL 环境下，声明变量之后但没有赋值，默认值为 null
```

赋值格式一：

```
set 变量名=表达式
```

说明：变量名是除 cursor、text、ntext 或 image 以外的任何类型变量的名称。表达式是任何有效的 SQL Server 表达式。

赋值格式二：

```
select 变量名 = 表达式 或 select 子句
```

【例 2】用 select 定义变量。

```
select    @v1 = 'ahjhfdsjf'
select    @v2 = 123
```

【例 3】给变量赋值。

```
declare @n int
set @n=4
select    @n=9
select    @n
```

说明：其结果为 9，多次赋值，只记录最近一次赋值。

【例 4】定义变量@vcity，并将 authors 表中作者编号（au_id）为"172-32-1176"的作者所在城市的（city）值赋予它。

```
select @vcity=select city
from authors
where au_id='172-32-1176'
```

【说明】

如果 select 语句返回多个值，则将返回的最后一个值赋给变量。

如果 select 语句没有返回行，变量将保留当前值。

例如：

```
declare @a datetime，@b int，@x int --声明两个变量
set @a='2018-11-11'
set @b=（select min（credit）from course）
select @x=count（*）from course    --少写一个 select 语句
```

（3）select 或者 print 打印输出

语法格式：

```
select 变量名/表达式    --二维表格式
print 变量名/表达式      --文本格式
```

select 的输出是一个表格，不方便复制。而 print 的输出是纯文本，更方便复制。

【例 5】读程序，比较不同输出方式的结果，如图 9-2 所示。

declare @a int declare @b int set @a=3 set @b=@a+4 select @b	declare @a int declare @b int set @a=3 set @b=@a+4 print @b
 (无列名) 1 7	 消息 7

图 9-2 例 5 图

127

【例 6】读程序，理解 char 类型和 varchar 类型的区别，如图 9-3 所示。

```
declare @v1 char（10），@v2 char（20）
set   @v1='中国'        --一个 set 语句只能给一个变量赋值
set   @v2=@v1+'是一个伟大的国家'
select @v1，@v2
```

图 9-3   char 和 varchar 类型区别示例

【例 7】创建一个名为@sex 的局部变量，并在 select 语句中使用该局部变量查找学生表中所有女同学的学号、姓名。

```
declare @sex char（2）
set @sex='女'
select 学号，姓名 from 学生表
where 性别=@sex
```

【例 8】将学号为 2020001 的学生的姓名查询出来并赋给变量@s。

```
declare @s char（8）
set @s =（select 姓名
          from 学生
          where 学号='2020001'）
```

五、运算符

运算符用来执行列或变量间的数学运算或值的比较，SQL Server 支持的运算符如表 9-3 所示。

表 9-3   运算符

运算符	符号
算术运算符	+，-，*，/，%（取模）
比较运算符	=、>、<、>=、<=、<>（不等于）
字符串连接运算符	+
逻辑运算符	and（与）、or（或）、not（非）
位运算符	按位与（&）、或（|）、异或（^）、求反（～）（很少用到）

 第二节   流程控制语句

流程控制语句是用来控制程序中各语句执行顺序的语句，可以把语句组合成能完成一定功能的小逻辑模块。流程控制语句及说明如表 9-4 所示。流程控制方式有顺序结构、分支结构和循环结构。

微课：T-SQL 流程控制语句

表 9-4　流程控制语句及说明

控制语句	说　明
if…else	条件语句
goto	无条件转移语句
while	循环语句
continue	用于重新开始下一次循环
break	用于退出最内层的循环
return	无条件返回

一、定义语句块

begin…end 表示一个区块，凡是在 begin 与 end 之间的程序都属于同一个流程控制，通常与 if…else 或 while 等一起使用，如果 begin…end 中间只有一行程序，则可以省略 begin 与 end。

```
begin
    sql_statement1
    sql_statement2
    ...
end
```

【注意】

（1）sq1_statement1、2：是任何有效的 T-SQL 语句。

（2）begin…end 语句块允许嵌套。

【例 9】查找课程号为'kc002'的课程，有则删除，没有则提示不存在。

```
if exists（select * from 课程表 where 课程号='kc002'）
begin
  delete from 课程表
  where 课程号='kc002'
  print '课程号为 kc002 的课程已删除！'
    end
    else
    print '课程号为 kc002 的课程不存在！'
```

运行结果如图 9-4 所示。

```
(1 行受影响)
课程号为kc002的课程已删除!
```

图 9-4　例 9 运行结果

二、条件判断语句

条件判断语句语法格式和语句执行流程如表 9-5 所示。

129

表 9-5 条件判断语句语法格式和语句执行流程

语法格式	语句执行流程
if 条件表达式 　语句块 A 　　else 　语句块 B	
if 条件表达式 　语句块 A	

【例 10】如果"数据库原理"的平均成绩高于 75 分，则显示"平均成绩高于 75"。

```
declare @t    char（20）
set @t='平均成绩高于 75'
if （select avg（成绩）   from 学生，选课，课程
where 学生.学号=选课.学号   and 选课.课程号=课程.课程号
              and 课程.课程名='数据库原理'）<75
        select  @t='平均成绩低于 75'
else
        select @t
```

【例 11】判断是否存在学号为 181128 的学生，如果存在则返回，不存在则插入 181128 的学生信息。

```
if exists（select * from 学生 where 学号='181128'）
        return
else
        insert into 学生
        values ('181128'，'张可'，1，'2000-08-12'，'计算机'，null)
```

【例 12】两个数字比较大小，显示较大的值。

```
declare @a int
declare @b int
set @a=4
set @b=5
if @a>@b
    select @a as '@a'
else
```

```
select @b as '@b'
```

【例 13】三个数字比较大小，返回最大值（单层循环、双层循环均可实现）。

```
declare @a int
declare @b int
declare @c int
set @a=6
set @b=7
set @c=4
if   @a>@b
        if @a>@c
                select @a
        else
                select @c
else
        if @b>@c
                select @b
        else
                select @c
```

三、循环语句

SQL 中的循环语句主要是 while 循环，SQL Server 很少使用 for 循环。while 循环语法格式及执行流程如图 9-5 所示。

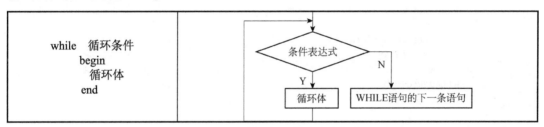

图 9-5　while 循环语法格式及执行流程

【例 14】定义一个变量，初值为 0，请用循环语句使该变量每次加 1，直至变量值为 6。

```
declare @x int
set @x=0
while @x<6
   begin
        set @x=@x+1
   end
print @x
```

【例 15】实现 1+2+3+…+100=5050 的程序。

```
declare @n int
declare @s int
set @n=1
set @s=0
while @n<=100
    begin
```

```
        set @s=@s+@n
        set @n=@n+1
    end
select @n，@s
```

【例 16】实现 1*2*3*4*5*6*7=7！=5040 的程序。

```
declare @a int，@b int
set @b=1
set @a=1
while @a<=7
    begin
        set @b=@b*@a
        set @a=@a+1
    end
print @b
```

【例 17】实现 1！+2！+3！+…+7！ 的 T-SQL 程序。

方法一：双层循环实现。

```
declare @a int，@b int，@c int，@d int
set @c=1
set @d=0
while @c<=7
    begin
        set @b=1
        set @a=1
        while @a<=@c
            begin
                set @b=@b*@a
                set @a=@a+1
            end
        set @d=@d+@b
        set @c=@c+1
    end
print @d
```

方法二：单层循环实现。

```
declare @n int，@sum int，@m int
set @n=0
set @m=1
set @sum=0
while @n<7
    begin
        set @n=@n+1
        set @m=@m*@n
        set @sum=@sum+@m
    end
select @sum
```

【例 18】实现 1 到 100 之间的奇数和（结果为 2500）。

```
declare @i int，@sum int
set @i=0
set @sum=0
```

```
while @i>=0
    begin
        set @i=@i+1
        if @i<=100
            if （@i%2）=0
            continue
            else
            set @sum=@sum+@i
        else
            begin
                print '1 到 100 之间的奇数和＝'+str（@sum）
                break
            end
    end
```

四、其他语句

1. 等待语句

该语句可以指定它以后的语句在某个时间间隔之后执行，或未来的某一时间执行。

语法格式为：

```
waitfor{ delay 'time'|time 'time'}
```

【例 19】延迟 10 秒钟后查询学生信息。

```
waitfor delay '0：0：10'    --延迟
begin
select * from 学生
end
```

【例 20】延迟到 09：01：01 的时候查询学生信息。

```
waitfor time '09：01：01'   --定时
begin
select * from 学生
end
```

2. 返回语句

return 用于从过程、批处理或语句块中无条件退出，不执行位于 return 之后的语句。

3. 无条件转移语句

在程序中执行到某个地方时，可以使用 goto 语句跳到另一个使用语句标号标识的地方继续执行。需要注意的是，虽然可以用 goto 实现循环，但极少使用。

语法格式为：

```
goto label
```

注：label 是指向的语句标号。

【例 21】goto 语句应用示例。

```
declare @a int
declare @b int
set @a=1
goto m
    set @b=3
m: set @a=@a+@b
    set @b=6
    select @a，@b
```

【例 22】用 goto 实现+2+3+…+100=5050。

```
declare @n int
declare @s int
set @n=0
set @s=0
a: set @n=@n+1
set @s=@s+@n
if @n>99
        goto b
goto a
b: select @n，@s
```

五、批处理

批处理：指包含一条或多条 T-SQL 语句的语句组，应用程序一次性地将这组语句发送到 SQL Server 服务器执行。

执行单元：SQL Server 服务器将批处理语句编译成一个可执行单元，这个单元称为执行单元。

若批处理中的某条语句编译出错，则无法执行。若运行出错，则视情况而定。书写批处理时，go 语句作为批处理命令的结束标志，当编译器读取到 go 语句时，会把 go 语句前的所有语句当作一个批处理，并将这些语句打包发送给服务器。go 语句本身不是 T-SQL 语句的组成部分，只是一个表示批处理结束的前端指令。

【注意】

（1）create default、create rule、create trigger 和 create view 等语句在同一个批处理中只能提交一个。

（2）不能在删除一个对象之后，在同一批处理中再次引用这个对象。

（3）不能把规则和默认值绑定到表字段或者自定义字段上之后，立即在同一批处理中使用它们。

（4）不能定义一个 check 约束之后，立即在同一个批处理中使用。

（5）不能修改表中的一个字段名之后，立即在同一批处理中引用这个新字段。

（6）使用 set 语句设置的某些 set 选项不能应用于同一个批处理中的查询。

（7）若批处理中第一条语句是执行某个存储过程的 execute 语句，则 execute 关键字可以省略。若该语句不是第一条语句，则必须写上。

【例 23】读程序。

第一步：查看数据。

```
select * from 学生
```

第二步：创建视图。

```
create view    v1
as
    select *
    from 学生
    where  学号= '201101'
```

第三步：查看视图数据。

```
select    *
from    v1
```

实训

一、输出 100 以内的 3 的倍数。

二、打印"*"组成的正三角形和直角三角形。

三、将一个字符串倒序输出的，比如"ABCDEFG"，输出为"GFEDCBA"。

任务 10　函数

知识目标：

➤ 熟悉常用的系统函数；

➤ 了解标量值函数和表值函数的特点。

能力目标：

➤ 能够熟练应用系统函数；

➤ 能够熟练定义和调用表值函数；

➤ 能够熟练定义和调用标量值函数。

数据库结构：

➤ 学生（学号，姓名，性别，年龄，所在系，总学分）

➤ 课程（课程号，课程名，学分，先行课）

➤ 选课（学号，课程号，成绩）

 第一节　常用系统内置函数

函数是用来完成某种特定功能，并返回处理结果的一组 T-SQL 语句，处理结果是"返回值"，处理过程是"函数体"。函数分为系统内置函数（简称系统函数）和用户自定义函数。SQL Server 提供了大量系统内置函数，主要可以分为以下几类：聚合函数、字符串函数、日期和时间函数等，如图 10-1 所示。

图 10-1 系统函数分类

根据返回结果的确定和不确定来分，函数又可以分为两类。

（1）确定性函数：每次使用特定的输入值集调用该函数时，总是返回相同的结果。

（2）非确定性函数：每次使用特定的输入值集调用时，它们可能返回不同的结果。

一、字符串函数

T-SQL 提供了用于处理字符或字符串的函数，即字符串函数，常用字符串函数如表 10-1 所示。

表 10-1 常用字符串函数

函数	说明
ascii（）	返回字符串表达式最左面字符的 ASCII 码值
char（）	把一个表示 ASCII 代码的数值转换成对应的字符
charindex（）	返回一个子串在字符串表达式中的起始位置
patindex（）	返回一个子串在字符串表达式中的起始位置，在子串中可以使用通配符 '%'，这个函数可以用在 text、char 和 varchar 类型的数据上
difference（）	返回两个字符串的匹配程度
soundex（）	返回两个字符串发音的匹配程度
lower（）	把大写字母转换成小写字母
upper（）	将小写字母转换成大写字母
ltrim（）	删除字符串的前导空格
rtrim（）	删除字符串的尾部空格
replicate（）	重复一个字符表达式若干次
reverse（）	取字符串的逆序
space（）	产生空格字符串

str（）	将数值转换成字符串
stuff（）	用一个子串按规定取代另一个子串
right（）	从字符的右部取子串
substring（）	取子串函数
len（）	取字符串字符个数函数
left（）	取子串函数

二、数学函数

常用数学函数如表 10-2 所示。

表 10-2　常用数学函数

函数	名称	函数	名称
abs（）	绝对值函数	cos（）	余弦函数
sin（）	正弦函数	acos（）	反余弦函数
cot（）	余切函数	exp（）	自然指数函数
asin（）	反正弦函数	sign（）	返回+1、0 或-1
degrees（）	将弧度转换成角度	log（）	自然对数函数
radians（）	将角度转换成弧度	tan（）	正切函数
sqrt（）	平方根函数	floor（）	向下取整函数
rand（）	产生随机数	round（）	四舍五入函数
atan（）	反正切函数	log10（）	以 10 为底的对数函数
ceiling（）	向上取整函数	power（）	乘方函数

返回整数值函数：ceiling 与 floor 函数都用于返回数值表达式的整数值，但返回的值不同。

乘方运算函数：power（数值表达式 1，数值表达式 2）。

自然指数函数：exp（float 表达式），求指定的 float 表达式的自然指数值，返回 float 型的值。

平方根函数：sqrt（float 表达式），求指定的 float 表达式的平方根，返回 float 型的值。

产生随机数函数：rand（整数表达式），用于返回一个位于 0 和 1 之间的随机数。整数表达式在这里起着产生随机数的起始值的作用。

四舍五入函数：round（数值表达式，整数）。该函数将数值表达式四舍五入成整数指定精度的形式。其中，整数可以是正数或负数，正数表示要进行运算的位置在小数点后，反之要运算的位置在小数点前。

三、日期和时间函数

常用日期和时间函数，如表 10-3 所示。

表 10-3　常用日期和时间函数

函数	说明
dateadd（）	在一个日期值上加上间隔，返回值仍是日期值
datediff（）	计算两个日期值之间的间隔
datename（）	返回表示日期中某部分的字符串
datepart（）	返回表示日期中某部分的数值
getdate（）	返回系统日期和时间

返回当前的系统时间函数：getdate（）返回当前的系统日期和时间。返回日期和时间的指定部分函数 datepart 和 datename 函数都能返回给定日期的指定部分，如：年、月、日等。

```
datename（yyyy，getdate（））  --获得年
```

改变数值后的日期和时间函数：dateadd 函数在指定日期和时间的基础上加一段时间，返回新的日期和时间值。

```
dateadd（datepart，number，date ）--差值转换为 datepart 日期元素的格式
```

求两日期或时间之间的差值函数：datediff 函数返回开始日期和结束日期在给定日期部分上的差值。

```
datediff（datepart，startdate，enddate）--差值转换为 datepart 日期元素的格式
```

四、类型转换函数

cast 和 convert 函数能将某种数据类型的表达式显式转换为另一种数据类型，cast 和 convert 提供相似的功能，但 convert 功能更强一些。

```
cast（expression as data_type ）
convert （data_type[（length）]，expression[，style]）
```

【例 1】产生随机数：rand（），产生一个 0～1 之间的随机数结果，如图 10-2 所示。

```
select  rand（）
```

图 10-2　例 1 结果

拓展：

公式：rand（）*（max-min）+min

如产生一个 10～99 之间的随机数，代码如下：

```
select rand（）*89+10     --结果如图 10-3 所示
```

图 10-3　产生一个 10～99 之间的数

【例 2】求平方。

```
select square（7）    --结果为 49
```

【例 3】求平方根。

```
select  sqrt（9）    --结果为 3
```

【例 4】求字符串的长度。

```
select  len（'abc    def   '）        --结果为 9，不计入字符串后的空格
select  datalength（'abc    def   '）  --结果为 12，计入所有的空格
```

【例 5】取得参数左（右）边的连续 n 个字符。

```
select  left（'abcdef'，2）      --ab
select  right（'abcdef'，3）     --def
```

【例 6】去除左（右）边的空格。

```
select  ltrim（'    abc    def    '）            --结果为'abc    def    '
select  rtrim（ltrim（'    abc    def    '））  --结果为嵌套，去除两端空格
```

【例 7】产生指定长度的 n 个空格。

```
select  space（2）     --结果为' '要区分空字符 null
```

【例 8】取得字符串中第 n 个字符开始的连续 m 个字符。

```
select substring（'abcdef'，2，3）  --bcd
```

【例 9】ASCII 码与字符的转换。

```
select  ascii（' '）        --结果为 32
select  ascii（'bee'）      --结果为 98
select  char（98）         --结果为 b
```

【例 10】替换指定字符串中的内容。

```
select  replace（'abcedasdea'，'a'，'a'）
```

【例 11】假设有字符串"abcdefghijlklmn"，请把这个字符串倒置显示。

```
declare @string varchar（20），@s varchar（20）
set @string = 'abcdefghijlklmn'
declare @b int
set @b=datalength（@string）
set @s=''
while  @b>0
   begin
      set @s=@s+substring（@string，@b，1）
      set @b=@b-1
```

```
          end
  select @s
```

【例 12】假设有字符串"aBcDsDfEeFG"，请把这个字符串转化为大写字符串显示（注意：数字、符号、大写字符及其他字符不用转换）。

```
declare @string varchar（20），@s varchar（20），@a int，@c int
set @string = 'abcdsdfeefg'
declare @b int
set @b=1
set @s="
set @c=len（@string）
while  @b<=@c
   begin
      set @a=ascii（substring（@string，@b，1））
      if （@a between 97 and 122 ）
         set @s=@s+char（ascii（substring（@string，@b，1））-32)
      else
            set @s=@s+char（@a）
      set @b=@b+1
   end
select @s
```

第二节　标量值函数

一、定义标量值函数

标量值函数返回一个确定类型的标量值，其返回类型为除 text、ntext、image、cursor、timestamp 和 table 类型外的其他数据类型，函数体语句定义在 begin……end 内部。在 returns 语句后定义返回值的数据类型，并且函数的最后一条语句必须为 return 语句。

微课：标量值
函数

操作演示：标量值
函数的定义、调
用、删除

语法格式：

```
create function    函数名                   /*函数名部分*/
（@形参 1 [as] 数据类型 [ = 默认值 ]，...n)    /*形参定义部分*/
returns   返回值类型                         /*返回参数的类型*/
    as
    begin
        功能代码                            /*函数体部分*/
        return 返回值或表达式                /*返回值*/
    end
```

【例 13】设计一个函数，计算全体学生某门课程的平均成绩。

```
create function myavg（@kch char（5））
returns int
as
begin
        declare @n int
```

```
            select @n=（select avg（成绩）
     from  选课
                        where  课程号=@kch ）
             return @n
     end
```

【例 14】调用例 13 中定义的函数，计算 kc001 课程的平均成绩。

调用方法一：

```
select dbo.myavg（'kc001'）
```

调用方法二：

```
declare @s int
exec @s=dbo.myavg（'kc001'）
select @s
```

二、修改标量值函数

语法格式如下（和创建函数基本一致，仅仅将 create 改为 alter）：

```
alter function   函数名                              /*函数名部分*/
（@形参 1 [as] 数据类型 [ = 默认值 ]   ，...n)       /*形参定义部分*/
returns   返回值类型                                 /*返回参数的类型*/
    as
    begin
           功能代码                                  /*函数体部分*/
           return 返回值或表达式                     /*返回值*/
    end
```

三、删除标量值函数

语法格式：

```
drop   function   函数名
```

【例 15】删除函数 myavg。

```
drop function myavg
```

四、标量值函数的应用

【例 16】设计一个函数，根据学号计算该学生的平均成绩。

```
create function xsavg   （@xh char（5））
returns   float
as
begin
       declare @f float
       select @f=（select avg（成绩）from 选课 where 学号=@xh）
       return @f
end
```

【例 17】调用函数，求 2020001 同学的平均成绩。

```
select dbo.xsavg（'2020001'）
```

【例 18】两个数字比较大小，求最大值，用函数实现。

```
create function f1（@a int，@b int）
returns int
as
  begin
      declare @n int
      if @a>@b
              set @n=@a
      else
              set @n=@b
      return @n
  end
```

调用：

```
select dbo.f1（6，3）
```

删除：

```
drop function f1
```

【例 19】设计一个函数，实现三个数字比较大小并返回最大值（也可以用单层循环实现）。

```
create function f2（@a int，@b int，@c int）
returns   int
as
begin
    declare @max int
    set @max=0
    if（@a>@b）
            set @max=@a
    else
            set @max=@b
    if  （@max>@c）
            set @max=@max
    else
            set @max=@c
    return @max
end
```

调用：

```
select dbo.f2（5，9，5）
```

 第三节　表值函数

一、定义表值函数

问题：根据指定的学号查找这个学生的选课信息（课程号，课程名，成绩），是否可以用标量值函数实现？

微课：表值函数

操作演示：表值函数的定义、调用、删除

143

思考：标量值函数只能而且必须返回一个值，此问题要求返回的值有三个，所以，不能用标量值函数实现。

此时，可以考虑使用表值函数，它以返回表的形式返回多个值。

语法格式：

```
create function    函数名
（@形参 1 [as] 数据类型 [ = 默认值 ]   ，...n)
returns   table                              /*返回形式为表*/
as
return
        （子查询 ）                        /*函数体为子查询*/
```

【例 20】通过函数实现：根据指定的学号查找这个学生的选课信息（课程号，课程名，成绩）。

```
create function f3 （@xh char（6））
returns   table
as
return
（select  课程.课程号，课程名，成绩
from  选课，课程
where  选课.课程号=课程.课程号  and  学号=@xh）
```

调用：

```
select * from f3 （'081101'）
```

【例 21】根据课程号查询这门课的选课信息（学号，姓名，成绩）。

```
create function f4 （@kch char（3））
returns table
as
return
（select  学生.学号，姓名，成绩
from  选课，学生
where  选课.学号=学生.学号  and  课程号=@kch）
```

调用：

```
select * from f4 （'101'）
```

二、修改表值函数

语法格式如下（和创建函数基本一致，仅仅将 create 改为 alter）：

```
alter function    函数名  （@形参 1[as]数据类型[=默认值], ...n)
returns    table                          /*返回形式为表*/
as
return
        （子查询 ）                        /*函数体为子查询*/
```

【例 22】修改函数 f3，实现根据指定的学号查找这个学生的选课信息（学号，课程

号，课程名，成绩）。

```
alter function f3（@xh char（6））
returns    table
as
return
    （select  学号，课程.课程号，课程名，成绩
    from  选课，课程
    where  选课.课程号=课程.课程号  and  学号=@xh）
```

三、删除表值函数

语法格式和删除标量值函数的语法格式一样：

```
drop    function        函数名
```

【例 23】删除函数 f3。

```
drop function f3
```

四、表值函数的应用

【例 24】自定义函数，实现 upper 函数的功能。

```
create function f5（@a varchar（100））
returns    varchar（100）
as
begin
    declare @i int
    declare @x varchar（100）
    set @x="--赋初值
    set @i=1
    while @i<=len（@a）
        begin
            if（ascii（substring（@a，@i，1））>=97 and ascii（substring（@a，@i，1））<=122）
                set @x=@x+char（ascii（substring（@a，@i，1））-32）
            else
                set @x=@x+substring（@a，@i，1）
            set @i=@i+1
            end
    return @x
end
```

【例 25】用函数实现统计字符串中大写字母个数的功能。

思路：先定义变量→赋初值→循环，每次取得字符串中的第 n 个字符，再判断是不是大写字符，如果是则计数变量+1，如果不是则进入下次循环→显示结果。

实现：

```
create function f6（@f varchar（100））
returns int
as
```

```
        begin
            declare @g int
            declare @h int
            set @g=0
            set @h=0
            while @g<=len（@f）
                    begin
                        set @g=@g+1
                        if ascii（substring（@f，@g，1））>=65 and ascii（substring（@f，@g，1））<=90
                        set @h=@h+1
                    end
            return @h
    end
```

调用：

```
select dbo.f6（'AAAdasf2347BBBsdlkfCCC'）    --结果为9
```

【例26】自定义函数实现 replace 函数功能。

第一步：实现替换单个字符的功能。

循环体：每次取得第 n 个字符，判断是否需要被替换，需要被替换的则把替换的结果加到新字符串中，否则直接加到 news 中。

编码：

```
create function f7（@s varchar（100），@s1 char（1），@s2 varchar（10））
returns varchar（100）
as
    begin
        declare @news varchar（100）
        set @news=''
        declare @n int
        set @n=1
        while @n<=len（@s）
          begin
                if substring（@s，@n，1）=@s1
                    set @news=@news+@s2
            else
                    set @news=@news+substring（@s，@n，1）
                    set @n=@n+1
            end
    return @news
end
```

调用：

```
select dbo.f7（'abcabcaerasdf'，'a'，'123'）
```

第二步：实现替换多个字符功能。

循环体：每次取得第 n 个字符开始的连续 len（@s1）个字符，满足替换条件的则替换，否则直接加入到 news 中。

```
alter function f7（@a varchar（100），@b varchar（10），@c varchar（10））
returns varchar（100）
```

```
as
begin
    declare @i int
    declare @new varchar（100）
    set @i=0
    set @new="
    while @i<=len（@a）
        begin
            if（substring（@a, @i, len（@b））=@b）
                begin
                        set @new=@new+@c
                        set @i=@i+len（@b）
                end
            else
                begin
                        set @new=@new+substring（@a, @i, 1）
                        set @i=@i+1
                end
        end
        return @new
end
```

调用：

```
select dbo.f9（'abcaaaaaaaaaasdab', 'aaaa', 'bbbb'）
```

结果为：

```
abcAAAAAAAAAasdab
```

实训

一、系统函数

1．简述 rand()函数的作用。

2．使用 square()函数求 7 的平方。

3．使用 sqrt()函数求 9 的平方根。

4．使用 ascii()函数返回"china"字符串最左边的字符的 ASCII 值。

5．使用 left()函数返回"china"左边开始的 3 个字符。

6．使用 right()返回"abcdefg"右边的 4 个字符。

7．使用 substring()返回"abcdefg"从第 2 个字符开始的连续 5 个字符。

8．请去除字符串（' ad dad dadfad '）左右的空格。

9．定义两个变量，一个赋值为 1，另一个赋值为 2，请分别用 select 和 print 显示出它们相加的结果，并说明它们有何区别。

10．说明 char 类型和 varchar 类型的区别。

二、用户自定义函数

员工管理数据库，名称是 YGGL，包含的三个表可参见图 7-1。

1．编写函数 f1，要求能够根据给定的两个 int 变量求出其中最小的。

2．编写函数 f2，要求能够根据给定的三个 int 变量求出其中最大的那一个值。

3．编写函数 f3，对于一个给定的员工编号值，查询该值在员工表中是否存在，如存在则返回"该员工存在！"，否则返回"该员工不存在！"。并调用该函数，判断员工编号为"000001"的员工是否存在。

4．编写函数 f4，根据员工编号求出该员工的年收入，并调用该函数求出"000001"员工的年收入。

任务 11　存储过程

知识目标：

➢ 熟练掌握常用的系统存储过程；

➢ 熟练掌握存储过程的使用方法。

能力目标：

➢ 能够熟练使用系统存储过程；

➢ 能够熟练定义和调用存储过程。

微课：存储过程

数据库结构：

➢ 学生（学号，姓名，性别，年龄，所在系，总学分）

➢ 课程（课程号，课程名，学分，先行课）

➢ 选课（学号，课程号，成绩）

 ## 第一节　了解存储过程

问题：是否可以用函数实现根据学生学号来查询该学生的信息？如果存在则查询该学生的全部信息；否则，返回"查无此人"。

思考：该问题需要返回两个结果，结果 1（学生的全部信息）以返回表的形式返回学生信息，可以用表值函数。结果 2（返回"查无此人"）返回一个字符串，可以用标量值函数。但是，两种函数不可以混合使用，所以，该问题无法用函数实现，可以用存储过程实现。

【例 1】创建存储过程 p1，实现根据学生学号来查询该学生的信息，如果存在返回该学生的全部信息，否则，返回"查无此人！"。

创建存储过程：

```
create procedure p1 @id char（6）
as
begin
  if exists（select * from 学生 where 学号=@id）
        select * from 学生 where 学号=@id
  else
        select '查无此人！'
end
```

调用存储过程 p1：

```
p1 '081101'
```

删除存储过程 p1：

```
drop procedure p1
```

存储过程（Stored Procedure）是一组为了完成特定功能的 SQL 语句集，它存储在数据库中，一次编译后永久有效，用户通过指定存储过程的名字并给出参数（如果该存储过程带有参数）来执行它。存储过程是数据库中的一个重要对象。在数据量特别庞大的情况下利用存储过程能达到倍速的效率提升。简言之，存储过程就是一个记录集，它是由一些 T-SQL 语句组成的代码块，这些 T-SQL 语句代码像一个方法一样实现一些功能（比如对单表或多表的增删改查），然后再给这个代码块取一个名字，在用到这个功能的时候调用即可。

使用存储过程的优点如下。

（1）存储过程在服务器端运行，执行速度快。

（2）存储过程执行一次后，就驻留在高速缓冲存储器中，在以后的操作中，只需从高速缓冲存储器中调用已编译好的二进制代码执行，提高了系统性能。

（3）使用存储过程可以完成所有数据库操作，并可通过编程方式控制对数据库信息访问的权限，确保数据库的安全。

（4）自动完成需要预先执行的任务。存储过程可以在 SQL Server 启动时自动执行，而不必在系统启动后再进行手工操作，大大方便了用户的使用，可以自动完成一些需要预先执行的任务。

在 SQL Server 中有下列几种类型存储过程。

（1）系统存储过程。系统存储过程是由 SQL Server 提供的存储过程，可以作为命令执行。系统存储过程定义在系统数据库 master 中，其前缀是"sp_"。例如，常用的显示系统对象信息的"sp_help"系统存储过程，为检索系统表的信息提供了方便快捷的方法。

（2）用户存储过程。一般使用 T-SQL 语言编写，也可以使用 CLR 方式编写。存储过程保存 T-SQL 语句集合，可以接收和返回用户提供的参数。存储过程中可以包含根据客户端应用程序提供的信息，在一个或多个表中插入新行所需的语句。存储过程也可以从数据库向客户端应用程序返回数据。

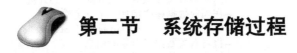

第二节 系统存储过程

系统存储过程定义在系统数据库 master 中，其前缀是"sp_"。系统存储过程允许系统管理员执行修改系统表的数据库管理任务，可以在任何一个数据库中执行。SQL Server 提供了数量庞大的系统存储过程，通过执行系统存储过程，可以实现一些比较复杂的操作，本书只介绍其中一些常用系统存储过程。要了解所有的系统存储过程，请参考 SQL Server 联机丛书。

操作演示：几个系统
存储过程的使用

```
sp_attach_db  'xscj', 'c：\xscj.mdf'    --附加数据库
sp_detach_db  'xscj'                    --分离数据库
sp_addtype '学号', 'char（6）'          --添加自定义数据类型
sp_attach_db 'zln', 'f：\zln.mdf'       --附加数据库
sp_detach_db 'zln'                      --分离数据库
```

此外，常用的系统存储还有：

```
sp_helptext sp_addtype          --查看存储过程的 sp_addtype 的源代码
sp_bindefault                   --绑定默认值对象
sp_unbindefault                 --解除绑定默认值对象
sp_bindrule                     --绑定规则对象
sp_unbindrule                   --解除绑定规则对象
exec sp_databases               --列出服务器上所有的数据库信息
exec sp_help student            --查看学生表中的所有信息
exec sp_tables                  --查询当前数据库中可查询对象的列表
sp_addapprole                   --在数据库中增加一个特殊的应用程序角色
sp_extendedproc                 ---在系统中增加一个新的扩展存储过程
sp_addgroup                     --在当前数据库中增加一个组
sp_addlogin                     --创建一个新的 login 账户
sp_addmessage                   --在系统中增加一个新的错误信息
sp_addrole                      --在当前数据库中增加一个角色
sp_addrolemember                --为当前数据库中的一个角色增加一个安全性账户
sp_addsrvrolemember             --为固定的服务器角色增加一个成员
sp_addumpdevice                 --增加一个设备备份
sp_changeobjectowner            --改变对象的所有者
sp_column_privileges            --返回列的权限信息
sp_configure                    --显示或者修改当前服务器的全局配置
sp_createstats                  --创建单列的统计信息
sp_cursorclose                  --关闭和释放游标
sp_database                     --列出当前系统中的数据库
sp_dboption                     --显示和修改数据库选项
sp_dbremove                     --删除数据库和该数据库相关的文件
sp_defaultdb                    --设置登录账户的默认数据库
sp_depends                      --显示数据库对象的依赖信息
sp_dropdevice                   --删除数据库或者备份设备
sp_dropgroup                    --从当前数据库中删除一个角色
sp_droplogin                    --删除一个登录账户
sp_droprole                     --从当前数据库删除一个角色
sp_droptype                     --删除一种用户定义的数据类型
```

sp_dropuser	--从当前数据库删除一个用户
sp_foreignkeys	--返回参看连接服务器的表的主键的外键
sp_grantaccess	--在当前数据库中增加一个安全性用户
sp_grantlogin	--允许 NT 用户或者组访问 SQL Server
sp_help	--报告有关数据库对象的信息
sp_helpcontrain	--返回有关约束的类型、名称等信息
sp_helpdb	--返回执行数据库或者全部数据库信息
sp_helpdbfixedrole	--返回固定的服务器角色列表
sp_helpdevice	--返回有关数据库文件的信息

 第三节　用户存储过程

一、创建存储过程

语法格式：

```
create procedure   存储过程名              /*定义过程名*/
@参数  参数类型                            /*定义参数的类型*/
as
begin
        功能语句                          /*执行的操作*/
end
```

对于存储过程要注意下列几点。

（1）用户定义的存储过程只能在当前数据库中创建（临时存储过程除外，临时存储过程总是在系统数据库 tempdb 中创建的）。

（2）成功执行"create procedure"语句后，存储过程名称存储在 sysobjects 系统表中，而"create procedure"语句的文本存储在 syscomments 中。

操作演示：存储过程的创建、调用、删除

操作演示：存储过程的可视化操作

（3）自动执行存储过程。SQL Server 启动时可以自动执行一个或多个存储过程。这些存储过程必须由系统管理员在 master 数据库中创建，并在 sysadmin 固定服务器角色下作为后台过程执行。这些过程不能有任何输入参数。

（4）sql_statement 的限制。如下语句必须使用对象的架构名对数据库对象进行限定：create table、alter table、drop table、truncate table、create index、drop index、update statistics 及 dbcc 语句。如下语句不能出现在 create procedure 定义中：set parseonly、set showplan_text、set showplan_xml 和 set showplan_all、create default、create schemA.create function、alter function、create procedure、alter procedure、create trigger、alter trigger、create view、alter view、use database_name。

（5）权限。create procedure 的权限默认授予 sysadmin 固定服务器角色成员、db_owner 和 db_ddladmin 固定数据库角色成员。sysadmin 固定服务器角色成员和 db_owner 固定数据库角色成员可以将 create procedure 权限转让给其他用户。

二、执行存储过程

通过 exec 命令可以执行一个已定义的存储过程，其语法格式为：

```
存储过程名    @参数=值
```

存储过程的执行要注意下列几点。

（1）如果存储过程名的前缀为"sp_"，SQL Server 会首先在 master 数据库中寻找符合该名称的系统存储过程。如果没能找到合法的过程名，SQL Server 才会寻找架构名称为 dbo 的存储过程。

（2）执行存储过程时，若语句是批处理中的第一条语句，则不一定要指定 EXECUTE 关键字。

三、修改存储过程

使用"alter procedure"命令可修改已存在的存储过程并保留以前赋予的许可，其语法格式为：

```
alter procedure   存储过程名            /*定义过程名*/
@参数 参数类型                          /*定义参数的类型*/
as
begin
        功能语句                        /*执行的操作*/
end
```

【例 2】创建一个存储过程，其目的是：根据学生学号查询学生的姓名，如果该学生不存在则返回"查无此人"，学号的默认值是"98001"。

```
create procedure p2 @id char（6）= '98001'
as
begin
   if exists（select * from 学生 where 学号=@id）
        select * from 学生 where 学号=@id
   else
        select '查无此人！'
end
```

调用及结果如表 11-1 所示。

表 11-1 例 2 调用及结果

调用语句	结果
p2	

调用语句	结果
p2 '98002'	结果 消息 　　学号　　姓名　年龄　性别　所在系 1　98002　陈辰　22　女　计算机
sp_helptext p2	结果 消息 　Text 1　create procedure p2 @id char(6)='98001' 2　as 3　begin 4　if exists(select * from 学生 where 学号=@id) 5　　select * from 学生 where 学号=@id 6　else 7　　select '查无此人！' 8　end

【例 3】修改 p2，使之成为加密的存储过程。系统存储过程 sp_helptext 可显示规则、默认值、未加密的存储过程、用户定义函数、触发器或视图的文本。

```
alter procedure p2 @id char（6）='98001'
with encryption       --使用 with encryption 选项对用户隐藏存储过程的文本。
as
begin
  if exists（select * from 学生 where 学号=@id）
        select * from 学生 where 学号=@id
  else
        select '查无此人！'
end
```

调用：

```
sp_helptext p2
```

调用结果如图 11-1 所示。

消息
对象 'p2' 的文本已加密。

图 11-1　例 3 调用结果

【例 4】创建存储过程，查询指定姓氏的学生的信息。

```
create procedure p3    @xm varchar（8）
as
 begin
 if exists（select * from 学生 where 姓名 like @xm）
     select * from 学生 where 姓名 like @xm
 else
     select '查无此人！'
 end
```

调用：

p3 '李%'

结果如图 11-2 所示。

图 11-2 例 4 调用结果

【例 5】根据专业（所在系）和姓名查询该同学的所有信息，并查询"计算机"系"王琳"的信息。

```
create procedure p4 @name char（8），@xm char（16）
as
select *
from 学生
where 姓名=@name and 所在系=@xm
```

调用：

```
execute p4 '王琳'，'计算机'
```

【例 6】创建一个存储过程 P5，要求：（1）功能是根据课程名求成绩小于指定分数的学生记录。（2）课程名默认值以"数据"开头，分数默认值为 60 分。（3）可以使用通配符实现模糊查询。

```
create procedure p5 @kcm varchar（20）= '数据%'，@cj int=60
as
select 课程.课程号，课程名，学号，成绩 from 选课，课程
where 选课.课程号=课程.课程号
and 课程名 like @kcm and 成绩<@cj
```

调用：

```
p5 @cj=70
```

结果如图 11-3 所示。

	课程号	课程名	学号	成绩
1	CR002	数据库	98002	65
2	CR004	数据库开发工具	98002	66
3	CR002	数据库	98005	66
4	CR002	数据库	98010	65

图 11-3 例 6 调用结果

四、删除存储过程

删除、存储过程即永久地删除存储过程。在此之前，必须确认该存储过程没有任何依赖关系。

155

语法格式：

drop procedure　　存储过程1，存储过程2...

【例7】删除数据库中的p1，p2存储过程。

drop procedure p1，p2

五、界面方式操作存储过程

（1）创建存储过程。例如，如果要通过图形向导方式创建存储过程 p1，右击鼠标，在弹出的快捷菜单中选择"新建存储过程"菜单项，然后在右侧编写存储过程的代码，如图11-4所示。

（a）　可视化方式新建触发器

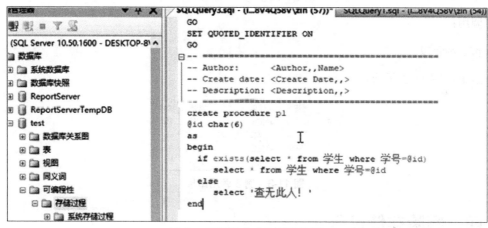

（b）　可视化方式编写触发器

图11-4　可视化方式创建存储器

（2）修改存储过程。选择要修改的存储过程，右击鼠标，在弹出的快捷菜单中选择

"修改"菜单项，打开"存储过程脚本编辑"窗口。在该窗口中可以看到创建存储过程的代码中"create"已经变为"alter"（注：图中为大写），这时就可以修改相关的 T-SQL 语句。修改完成后，执行修改后的脚本，若执行成功则修改了存储过程，如图 11-5 所示。

（3）删除存储过程。选择要删除的存储过程，右击鼠标，在弹出的快捷菜单中选择"删除"菜单项，根据提示删除该存储过程。

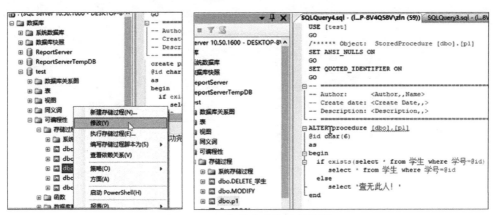

图 11-5　可视化方式修改触发器

项目实践

在项目中实现存储过程的相关任务，具体操作请扫描二维码观看。

项目实践：存储
过程

实训

员工管理数据库，名称是 YGGL，包含的三个表可参见图 7-1。

1．创建存储过程 p1。检查编号为"000001"的员工是否存在，如果存在，显示该员工的所有信息，如果不存在，显示"该员工不存在！"。

2．创建存储过程 p2。根据职工编号检查该员工是否存在，如果存在，显示该员工的所有信息，如果不存在，显示"该员工不存在！"。

3．调用该存储过程 p2，检查编号为"108991"的员工是否存在。

4．创建存储过程 p3，根据职工号比较两个员工的实际收入，输出实际收入较高的员工的职工号，并调用该存储过程比较"000001""108991"的实际收入。

5．创建存储过程 p4，要求当一个员工的工作年份大于 6 年时将其转到"经理办公室"部门去工作。

6. 创建存储过程 p5，通过该存储过程可以添加员工记录。

7. 创建存储过程 p6，为员工表增加一个"学历"列，并输入数据（专科\本科\研究生）。然后，创建存储过程，根据员工编号检查员工学历并根据学历增加员工的工资（专科—300，本科—500，研究生—800）。

8. 删除存储过程 p1，p2，p3，p4，p5，p6。

任务 12　触发器

【学习目标】

知识目标：

➢ 了解触发器的工作原理；

➢ 了解触发器的作用；

➢ 理解 DML 触发器和 DDL 触发器的工作原理；

➢ 理解 deleted 表和 inserted 表的作用。

能力目标：

➢ 能够熟练使用 deleted 表和 inserted 表；

➢ 能够熟练使用 DML 触发器；

➢ 能够熟练使用 DDL 触发器。

数据库结构：

➢ 学生（学号，姓名，性别，年龄，所在系，总学分）

➢ 课程（课程号，课程名，学分，先行课）

➢ 选课（学号，课程号，成绩）

 第一节　触发器概述

　　触发器（Trigger）是 SQL Server 提供给程序员和数据分析员用来保证数据完整性的一种方法，它是与表事件相关的特殊的存储过程，它的执行不是由程序调用的，也不是手工启动的，而是由事件来触发的，比如当对一个表进行操作（insert，delete，update）时就会激活它。触发器经常用于加强数据的完整性约束和业务规则等。触发器可以从

dba_triggers、user_triggers 数据字典中查到，是一个能由系统自动执行对数据库修改的语句。

触发器可以查询其他表，而且可以包含复杂的 SQL 语句。它们主要用于强制服从复杂的业务规则或要求。例如：可以根据客户当前的账户状态，控制是否允许插入新订单。

触发器也可用于强制引用完整性，以便在多个表中添加、更新或删除行时，保留在这些表之间所定义的关系。然而，强制引用完整性的最好方法是在相关表中定义主键和外键约束。如果使用数据库关系图，则可以在表之间创建关系以自动创建外键约束。

触发器的主要作用有以下几个。

（1）触发器可通过数据库中的相关表实现级联更改，通过级联引用完整性约束可以更有效地执行这些更改。

（2）触发器可以强制引用比 check 约束更为复杂的约束。与 check 约束不同，触发器可以引用其他表中的列。例如，触发器可以使用另一个表中的 select 语句比较插入或更新的数据，以及执行其他操作，如修改数据或显示用户定义的错误信息。

（3）触发器可以强制执行业务规则。

（4）触发器可以评估数据修改前后的表状态，并根据其差异采取对策。

触发器与存储过程的唯一区别是触发器不能执行 execute 语句，而是在用户执行 Transact-SQL 语句时自动触发执行。

（1）DML 触发器。当数据库表中的数据发生变化时，比如 insert、update、delete 操作，如果对该表写了对应的 DML 触发器，那么该触发器自动执行。DML 触发器的主要作用在于强制执行业务规则，以及扩展 SQL Server 约束、默认值等。因为约束只能约束同一个表中的数据，而触发器中则可以执行任意 SQL 命令。

（2）DDL 触发器。它主要用于审核与规范对数据库中表、视图等结构上的操作。比如修改表、修改列、新增表、新增列时，它在数据库结构发生变化时执行，主要用它来记录数据库的修改过程，以及限制程序员对数据库的修改，比如不允许删除某些指定表等。

（3）登录触发器。登录触发器将为响应 login 事件而激发存储过程。与 SQL Server 实例建立用户会话时将引发此事件。登录触发器将在登录的身份验证阶段完成之后且用户会话实际建立之前激发。因此，来自触发器内部且通常将到达用户的所有消息（例如错误消息和来自 print 语句的消息）会传送到 SQL Server 错误日志。如果身份验证失败，将不激发登录触发器。

注意，务必慎用触发器。尽管触发器有很多优点，但是在实际的项目开发中，特别是 ooP 思想的深入，触发器的弊端也逐渐突显，主要有以下几个。

（1）过多的触发器使得数据逻辑变得复杂。

（2）数据操作比较隐含，不易进行调整修改。

（3）触发器的功能逐渐在代码逻辑或事务中替代实现，更符合 ooP 思想。

总之，触发器本身没有过错，但由于使用者的滥用可能会造成数据库及应用程序的维护困难。在数据库操作中，可以通过关系、触发器、存储过程、应用程序等来实现数据操作，同时规则、约束、默认值也是保证数据完整性的重要保障。如果我们对触发器过分地依赖，势必影响数据库的结构，同时增加了维护的复杂程度。

　　SQL Server 的两种常规类型的触发器是数据操作语言（DML）触发器和数据定义语言（DDL）触发器。当 insert、update 或 delete 语句修改指定表或视图中的数据时，可以使用 DML 触发器。DDL 触发器激发存储过程以响应各种 DDL 语句，这些语句主要以 create、alter 和 drop 开头。DDL 触发器可用于管理任务。例如审核和控制数据库操作。通常说的触发器一般指 DML 触发器。

第二节　DML 触发器

一、DML 触发器基础

1. 触发动作

　　简单而言，DML 触发器就是一种特殊的存储过程。其目的是保护数据，使系统的处理任务自动执行。DML 触发器的动作有三个：update、insert、delete。其作用是当有 DML 操作影响到触发器保护的数据时，触发器自动执行。同一个表中可以有多个触发器。比如在销售系统中，通过更新触发器来检测库存量是否达到需要进货的程度。

微课：DML 触发器

　　当数据库中发生数据操纵（DML）事件时将调用 DML 触发器。DML 触发器是为表中的数据进行更新、插入、删除操作而定义的，也就是说当表中发生更新、插入或删除操作时触发器将执行。一般情况下，DML 事件包括对表或视图的 insert、update 和 delete 操作。

　　利用 DML 触发器可以方便地保持数据库中数据的完整性。例如，对于数据库中已有的学生表、选课表和课程表，当插入某一学号的学生某一课程成绩时，该学号应该在学生表中是已存在的，课程号应该在课程表中是已存在的。此时，可通过定义 insert 触发器实现上述功能。通过 DML 触发器可以实现多个表间数据的一致性（也可以通过设置表之间的参照关系实现）。例如，对于数据库，在学生表中删除一个学生时，在学生表的 delete 触发器中要同时删除选课表中所有该学生的记录。

2. 触发器中的临时表

　　触发器有两个特殊的表：插入表（inserted 表）和删除表（deleted 表）。这两张表是逻辑表也是虚表。有的系统会在内存中创建这两张表，不会存储在数据库中。这两张表都是只读的，只能读取数据而不能修改数据。这两张表的数据总与触发器所在的表的结构相同。当触发器完成工作后，这两张表就会被删除。inserted 表中的数据是插入或是修改后的数据，而 deleted 表中的数据是更新前的或是删除的数据。DML 操作与临时表如表 12-1

所示。触发器的执行过程如图 12-1 所示。

inserted 表：当向表中插入或更新数据时，insert 触发器触发执行，新的记录插入到触发器表和 inserted 表中。

deleted 表：用于保存已从表中删除或更新前的记录，当触发一个 delete 触发器时，被删除的或更新前的记录存放到 deleted 逻辑表中。

表 12-1　DML 操作与临时表

对表的操作	inserted 逻辑表	deleted 逻辑表
增加记录（insert）	存放增加的记录	无
删除记录（delete）	无	存放被删除的记录
修改记录（update）	存放更新后的记录	存放更新前的记录

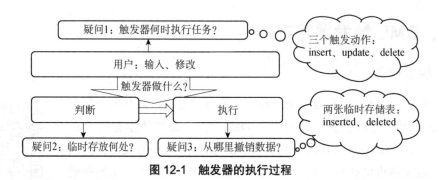

图 12-1　触发器的执行过程

3. 触发器分类

DML 触发器按照触发动作不同分为三类：insert 触发器、update 触发器、delete 触发器。

DML 触发器按照触发时机不同又分为以下两类。

（1）for/after 触发器。after 触发器要求执行某一操作 insert、update、deleted 同时/之后触发器才被触发，且只能定义在表上。

操作演示：DML 触发器（数据不一致）　操作演示：DML 触发器（数据一致）

（2）instead of 触发器。instead of 触发器表示并不执行其定义的操作（insert、update、delete）而仅执行触发器本身，既可以在表中定义 instead of 触发器，也可以在视图中定义。

4. 使用限制

（1）create trigger 必须是批处理中的第一条语句，并且只能应用到一个表中。

（2）触发器只能在当前的数据库中创建。

（3）在同一 create trigger 语句中，可为多种操作（如 insert 和 update）定义相同的触发器操作。

（4）在同一个创建触发器的语句中，可以为多种操作定义相同的触发器的操作。

（5）一个表的外键在 delete、update 操作上定义了级联，不能在该表上定义 instead of delete、instead of update 触发器。

（6）在触发器内可以指定任意的 set 语句，所选择的 set 选项在触发器执行期间有效，并在触发器执行完后恢复到以前的设置。

（7）触发器中不允许包含以下 T-SQL 语句：create database、alter database、load database、restore database、drop database、load log、restore log、disk init、disk resize 和 reconfigure。

（8）触发器不能返回任何结果，为了阻止从触发器返回结果，不要在触发器定义中包含 select 语句或变量赋值。

5. 语法格式

```
create trigger 触发器名 on 表|视图
for|after|instead of{insert，delete，update} --触发时机和动作
as
begin
        触发器功能
end
```

二、insert 触发器

当触发 insert 触发器时，新的数据行就会被插入到触发器表和 inserted 表中。inserted 表是一个逻辑表，它包含了已经插入的数据行的一个副本。inserted 表包含了 insert 语句中已记录的插入动作。inserted 表还允许引用由初始化 insert 语句而产生的日志数据。触发器通过检查 inserted 表来确定是否执行触发器动作或如何执行它。inserted 表中的行总是触发器表中一行或多行的副本。

日志中记录了所有修改数据的动作（insert、update 和 delete 语句），但在事务日志中的信息是不可读的。然而，inserted 表允许引用由 insert 语句引起的日志变化，这样就可以将插入数据与发生的变化进行比较，来验证它们或采取进一步的动作，也可以直接引用插入的数据，而不必将它们存储到变量中。

【例 1】创建一张三好学生表 good_stu，在插入数据时通过触发器来保证数据的一致性和完整性。要求三好学生表中的学生必须是学生表中已有的学生。

分析：

第一种解决办法：设置外码。

第二种解决办法：定义 insert 触发器。

第一步：创建表。

```
create table good_stu
（学号 char（6），
  姓名 char（8））
```

第二步：创建触发器。

```
create trigger t3 on good_stu
for insert
as
begin
    if   exists（select * from 学生
                where 学号=（select 学号 from inserted））
            print '插入成功！'
    else
        begin
            print '插入不成功'
            rollback transaction
        end
end
```

说明：创建触发器成功后向 good_stu 表中插入一条数据，然后观察学生表中的数据变化，会发现和通过设置外码一样可以保证两张表之间的参照完整性。

DML 触发器除了可以在进行 DML 操作的时候保护数据的完整性外（例 1），还可以解决以下问题，如下面例题所示。

【例 2】创建一张表 table1，其中只有一列 a。在表上创建一个触发器，每次插入操作时，将变量@str 的值设为"trigger is working"并显示。

第一步：创建表。

```
create table table1（a int）
go
```

第二步：创建触发器。

```
create trigger t4
on table1 after insert
as
begin
declare @str char（50）              --定义变量@str
set @str='trigger is working'        --给变量赋值，未赋值前变量值为空
print @str                           --以文本方式显示变量值
end
```

说明：向 table1 中插入一行数据：

```
insert into table1
values（10）
```

然后观察数据的变化，发现每次有 insert 操作时，都会有提示信息出现。

【例 3】创建触发器，当向选课表中插入一个学生的成绩时，如果该同学分数及格则将学生表中该学生的总学分再加上新添加的课程的学分。

```
create trigger t5   on 选课 after insert
as
begin
    declare @num char（6），kc_num char（3）
    declare @xf int，@cj int
```

```
        select @num=学号，@kc_num=课程号，@s=成绩   --赋初值
        from inserted
        if @s>=60
        begin
            select @xf=学分
            from  课程
            where  课程号=@kc_num
            update  学生
            set z 学分=z 学分+@学分
            where  学号=@num
            print '修改成功'
        end
        else
            print'该学生成绩不及格，不能获得这门课的学分！'
End
```

说明：触发器创建成功后，向选课表中插入一个学生的成绩时发现，如果成绩及格则将学生表中该学生的总学分加上添加的课程的学分，如果成绩不及格则出现提示信息。

三、update 触发器

可将 update 语句看成两步操作，即捕获数据前像（before image）的 delete 语句，和捕获数据后像（after image）的 insert 语句。当在定义有触发器的表上执行 update 语句时，原始行（前像）被移入 deleted 表，更新行（后像）被移入 inserted 表。

触发器检查 deleted 表和 inserted 表以及被更新的表，来确定是否更新了多行以及如何执行触发器动作。

可以使用 if update 语句定义一个监视指定列的数据更新的触发器。这样，就可以让触发器容易地隔离出特定列的活动。当它检测到指定列已经更新时，触发器就会进一步执行适当的动作。例如发出错误信息指出该列不能更新，或者根据新的更新的列值执行一系列的动作语句。

【例 4】在更新数据时通过触发器来保证数据的一致性和完整性，要求当更新课程表中的课程号时它所对应的选课记录中的课程号也同时被更新。

```
create trigger t2 on 课程
for update
as
begin
    if   update（课程号）
        update 选课
        set 课程号=（select 课程号 from inserted）
        where 课程号=（select 课程号 from deleted）
end
```

说明：创建触发器成功后更新一下课程表中的一个课程号，然后观察选课表中课程号列的数据变化，会发现它所对应的选课记录中的课程号也同时被更新了。

【例 5】创建触发器，当修改学生表中的学号时，同时也要将选课表中的学号修改成相应的学号（假设学生表和选课表之间没有定义外键约束）。

165

第一步：创建触发器。

```
create trigger t6
on 学生 after update
as
begin
    declare @old_num char（6），@new_num char（6）
    select @old_num=学号 from deleted
    select @new_num=学号 from inserted
    update 选课
    set 学号=@new_num
    where 学号=@old_num
end
```

第二步：修改学生表中的一行数据（学号）。

```
update 学生
set 学号='081120'
where 学号='081101'
```

第三步：修改学生表中的一行数据。

```
select *
from 选课
where 学号='081120'
```

四、delete 触发器

当触发 delete 触发器后，从受影响的表中删除的行将被放置到 deleted 表中。deleted 表是一个逻辑表，它保留已被删除数据行的一个副本。deleted 表还允许引用由初始化 delete 语句产生的日志数据。

使用 delete 触发器时，需要考虑以下事项和原则。

（1）当某行被添加到 deleted 表中时，它就不再存在于数据库表中。因此，deleted 表和数据库表没有相同的行。

（2）创建 deleted 表时，空间从内存中分配。deleted 表总是被存储在高速缓存中的。

（3）为 delete 动作定义的触发器并不执行 truncate table 语句，原因在于日志不记录 truncate table 语句。

【例 6】在删除数据时通过触发器保证数据的一致性和完整性。要求当删除一门课程的信息时，它所对应的选课记录也同时被删除。

```
create trigger t1   on 课程
for delete
as
begin
    delete from 选课
    where 课程号=（select 课程号 from deleted）
End
```

说明：成功创建触发器后从课程表中删除一条数据，然后观察选课表中的数据变化，发现该课程所对应的选课记录也被删除了。

【例 7】在删除学生表中的一条学生记录时将选课表中该学生的相应记录也删除。

```
create trigger t7
on 学生 after delete
as
begin
    delete from 选课
    where 学号 in（select 学号 from deleted）
End
```

【例 8】在课程表中创建 update 和 delete 触发器，当修改或删除课程表中的"课程号"字段时，同时修改或删除选课表中的该课程号。

```
create trigger t8
on 课程 after update，delete
as
begin
    if（update（课程号））
        update 选课
        set 课程号=（select 课程号 from inserted）
        where 课程号=（select 课程号 from deleted）
    else
        delete from 选课
        where 课程号 in（select 课程号 from deleted）
end
```

五、instead of 触发器

对于基于单表的视图，可以对视图的数据进行增加、修改、删除操作。对于基于多表的视图，对数据的增加、修改、删除是不被允许的，但可以通过使用 instead of 触发器来处理。

instead of 触发器的工作原理：instead of 触发器被触发时，不执行触发它的语句，而是执行触发器中的 SQL 语句。

instead of 触发器的工作过程：可以在表或视图上指定 instead of 触发器。执行这种触发器就能够替代原始的触发动作。instead of 触发器扩展了视图更新的类型。对于每一种触发动作（insert、update 或 delete），每一个表或视图只能有一个 instead of 触发器。

instead of 触发器常被用于更新那些没有办法通过正常方式更新的视图。例如，通常不能在一个基于连接的视图上进行 delete 操作。然而，可以编写一个 instead of delete 触发器来实现删除操作。上述触发器可以访问那些如果视图是一个真正的表时已经被删除的数据行，将被删除的行存储在一个名为 deleted 的工作表中，就像 after 触发器一样。相似地，在 instead of update 触发器或者 instead of insert 触发器中，可以访问 inserted 表中的新行。instead of 触发器和 after 触发器的对比如表 12-2 所示。

表 12-1　after 触发器与 instead of 触发器的功能对比

功能	after 触发器	instead of 触发器
适用对象	表	表和视图
每个表或视图可用的数量	允许每个动作有多个触发器	每个动作（update\delete\insert）一个触发器
级联应用	没有限制	在作为级联引用完整性约束目标的表上限制应用
执行时机	声明引用动作之后	在约束处理之前，代替了触发动作
	在创建 inserted 表和 deleted 表触发时	在创建 inserted 表和 deleted 表之后
执行顺序	可以制定第一个和最后一个触发器执行动作	不适用
在 inserted 表和 deleted 表引用 text、ntext 和 image 类型的数据	不允许	允许

instead of 触发器具有如下主要优点。

（1）可以使不能更新的视图支持更新。基于多个基表的视图必须使用 instead of 触发器来支持引用多个表中数据的插入、更新和删除操作。

（2）使用户可以编写这样的逻辑代码（在允许批处理的其他部分成功运行的同时拒绝批处理中的某些部分）。对于含有使用 delete 或 update 级联操作定义的外键的表，不能定义 instead of delete 和 instead of update 触发器。

使用 instead of 触发器的注意事项介绍如下。

（1）视图的列不可以是以下几种情况之一：基表中的计算列；基表中的标识列；具有 timestamp 数据类型的基表列。因为该视图的 insert 语句必须为这些列指定值，instead of 触发器在构成将值插入基表的 insert 语句时会忽略指定的值。

（2）不能在带有 with check option 定义的视图中创建 instead of 触发器。

【例 9】创建表 table2，值包含一列 a，在表中创建 instead of insert 触发器，当向表中插入记录时显示相应消息。

创建表：

```
create table table2（a int）
go
```

创建触发器：

```
create trigger t9
on table2 instead of insert
as
    print 'instead of trigger is working'
```

向表中插入一行数据：

```
insert into table2 values（10）
```

说明：观察触发器的作用时会发现，当有 insert 操作时会出现提示信息。

【例 10】在数据库中创建视图 stu_view，包含学生学号、专业、课程号、成绩。要求实现可以通过向 stu_view 视图中插入记录。

分析：该视图依赖于学生表和选课表，是不可更新视图。可根据 instead of 触发器的工作原理，在视图上创建 instead of 触发器，当向视图中插入数据时分别向学生表和选课表插入数据，从而实现向视图中插入数据的功能。

第 1 步：创建视图。

```
create view stu_view
as
    select 学生.学号，专业，课程号，成绩
    from 学生，选课
where 学生.学号=选课.学号
```

第 2 步：创建 instead of 触发器。

```
create trigger t10    on stu_view
instead of insert
as
begin
    declare @xh char（6），@xm char（8）
    declare @zy char（12），@kch char（3），@cj int
    set @xm='佚名'
    select @xh=学号，@zy=专业，@kch=课程号，@cj=成绩 from inserted
    insert into 学生（学号，姓名，专业）values（@xh，@xm，@zy）
    insert into 选课 values（@xh，@kch，@cj）
End
```

第 3 步：向视图中插入一行数据。

```
insert into stu_view    values（'091102', '计算机', '101', 85）
```

查看数据是否插入。

```
select *
from stu_view
where 学号= '091102'
```

执行结果如图 12-2 所示。

	学号	专业	课程号	成绩
1	091102	计算机	101	85

图 12-2　查看插入的数据

```
select *
from 学生
where 学号='091102'
```

执行结果如图 12-3 所示。

	学号	姓名	性别	出生时间	专业	总学分	备注
1	091102	佚名	1	NULL	计算机	5	NULL

图 12-3　操作后学生表中插入的数据

第三节　DDL 触发器

一、语法格式

DDL 触发器将激发存储过程以响应事件。但与 DML 触发器不同的是，它们不会为响应针对表或视图的 update、insert 或 delete 语句而激发。它们将为了响应各种数据定义语言（DDL）事件而激发。这些事件主要与以关键字 create、alter 和 drop 开头的 T-SQL 语句对应。执行 DDL 式操作的系统存储过程也可以激发 DDL 触发器。

微课：DDL 触发器　　操作演示：DDL 触发器的创建、修改、删除

由相应的事件触发，DDL 触发器触发的事件是数据定义语句（DDL）语句，主要是以 create、alter、drop 等关键字开头的语句。其作用是执行管理操作。例如审核系统、控制数据库的操作等。通常，DDL 触发器主要用于以下一些操作需求。

（1）防止对数据库架构进行某些修改。

（2）希望数据库中发生某些变化以利于相应数据库架构中的更改。

（3）记录数据库架构中的更改或事件。

DDL 触发器只在响应由 T-SQL 语句所指定的 DDL 事件时才会触发。创建 DDL 触发器的语法格式为：

```
create trigger 触发器名
on{all server|database }
{for|after}{动作}
    as
        {触发器功能代码}
```

二、使用 DDL 触发器

【例 11】创建数据库作用域的 DLL 触发器，当删除一个表时，提示能删除该表，然后回滚删除表的操作。

```
create trigger   t11 on database
after drop_table
as
begin
    print '不能删除该表'
rollback transaction    --回滚
End
```

说明：触发器创建好后，试着删除一张表，观察数据库的变化。

【例 12】创建服务器作用域的 DLL 触发器，当删除一个数据库时，提示"禁止该操作并回滚删除数据库的操作"。

```
create trigger   t12 on all server
after drop_database
as
begin
          print '禁止该操作并回滚删除数据库的操作'
     rollback transaction                    --回滚
End
```

说明：触发器创建好后，试着删除数据库，观察数据库的变化。

 ## 第四节　修改触发器和删除触发器

一、修改触发器

修改 DML 触发器的语法格式为：

```
alter trigger  触发器名称  on   (表|视图)
[with encryption]
     (for|after|instead of) {delete | insert |  update}
  not for replication ]
as
    {触发器功能代码}
```

修改 DLL 触发器的语法格式为：

```
alter trigger  触发器名称 on { database|all server}
[ with encryption ]
    { for|after} {delete | insert | update}
[not for replication ]
as
    {触发器功能代码}
```

【例 13】修改数据库中在学生表上定义的触发器 t11，将其修改为 update 触发器。

```
alter trigger t11    on 学生
for update
as
   print '执行的操作是修改'
```

二、删除触发器

触发器本身是存在于表中的，因此，当表被删除时，表中的触发器也将一起被删除。删除触发器使用 drop trigger 语句。其语法格式为：

```
drop trigger  触发器 1 [ , ...n ] [ ; ]          /*删除 DML 触发器*/
drop trigger  触发器 1 [ , ...n ]
on { database | all server }[ ; ]               /*删除 DLL 触发器*/
```

说明：如果要删除 DDL 触发器，则要使用 on 来指明是在数据库作用域还是在服务器作用域。

【例 14】删除 DML 触发器 t11。

```
if exists  （select name from sysobjects where name = 't11'）
    drop trigger t11
```

【例 15】删除 DDL 触发器 t12。

```
drop trigger t12 on database
```

 # 第五节　可视化方式管理触发器

创建触发器：在左侧的资源列表中选中"数据库触发器"→单击鼠标右键→选择"新建数据库触发器"，然后在右侧编写代码创建触发器，如图 12-4 所示。

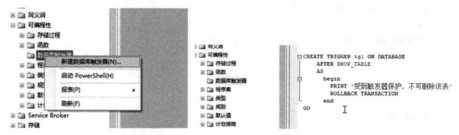

图 12-4　可视化方式修改触发器

修改触发器：右击相关的数据库触发器→选择"编写数据库触发器脚本为"→"CREATE 到"→"新查询编辑器窗口"，如图 12-5 所示，可以打开代码书写窗口，修改触发器。

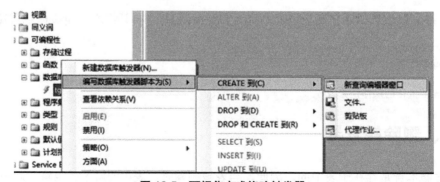

图 12-5　可视化方式修改触发器

删除触发器：在左侧的资源列表中选中"数据库触发器"，单击鼠标右键→选择"删除触发器"，然后选择要删除的触发器，确定后即可。

操作演示：可视化
管理触发器

实训

一、用触发器实现，当同学们补考或重修后，输入成绩，如果该同学的成绩合格，则自动修改该同学的总学分。设计思路及伪代码如图 12-6 所示。

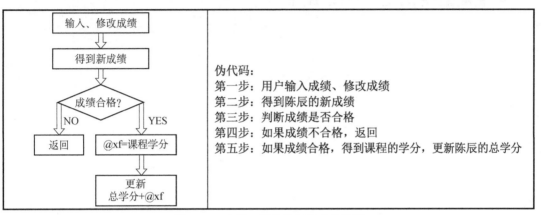

图 12-6　实训一的设计思路及伪代码

二、数据结构和数据如图 12-7 所示，请用触发器实现，当处理人缴罚款之后（罚款记录单中插入数据后），处理人信息中的驾驶证积分自动扣分，罚单信息中的状态改自动改为"已处理"。

罚款记录			……	处理人信息		……
罚单号	处理人	罚款金额	……	处理人	驾驶证积分	……
D001	张明	150	……	张明	12	……
						……

罚单信息						……
罚单号	车牌	原因	扣分	罚款	状态	……
D001	浙A 12345	违停	2	150	未处理	……
						……

罚款记录			……	处理人信息		……
罚单号	处理人	罚款金额	……	处理人	驾驶证积分	……
D001	张明	150	……	张明	10	……
						……

罚单信息						……
罚单号	车牌	原因	扣分	罚款	状态	……
D001	浙A 12345	违停	2	150	已处理	……
						……

图 12-7　实训二的数据结构和数据

三、员工管理数据库，名称是 YGGL，包含的三个表可参见图 7-1。请完成以下题目的要求。

1．给 Employees 表增加一列（workyear），并输入数据。

2．创建触发器 t1，当向 Employees 表中插入或修改一条记录时，通过触发器检查记录。

3．创建触发器 t2，当修改 Employees 表 employeeid 字段值时，该字段在 Salary 表中的对应值也进行相应修改。

4．创建触发器 t3，当删除 Departments 表中一条记录的同时删除该记录 departmentid

字段值在 Employees 表中对应的记录。

5．创建 DDL 触发器 t5，当删除 YGGL 数据库的一个表时，提示"不能删除表"，并回滚删除表的操作。

6．创建触发器 t6，当修改 Employees 时，如果将员工信息表中员工的工作时间（workyear）增加 1 年则月收入增加 500，增加 2 年则收入增加 1000，以此类推。

7．创建触发器 t7，当 Salary 表中 income 值增加 500 时，outcome 值则增加 50。

8．修改触发器 t6，同时实现第 6 题和第 7 题的功能。

9．删除触发器 t1，t2，t3，t4，t5，t6，t7。

任务 13 安全管理

【学习目标】

知识目标：

➢ 了解数据备份和恢复的方法；

➢ 熟悉 SQL Server 的安全管理机制；

➢ 熟悉数据库的并发控制。

能力目标：

➢ 能够熟练地导入/导出数据；

➢ 能够熟练地管理数据库的安全；

➢ 能够进行简单的并发控制。

数据库结构：

➢ 学生（学号，姓名，性别，年龄，所在系，总学分）

➢ 课程（课程号，课程名，学分，先行课）

➢ 选课（学号，课程号，成绩）

 ## 第一节 数据库的备份和恢复

一、故障的种类

1. 事务故障

事务故障是指事务在运行过程中由于故障中途中止。

175

故障原因：输入错误、运算溢出、违反完整性约束、程序错误等。

处理办法：一般会在不影响其他事务运行的情况下，强行回滚该事务。

【例 1】银行转账业务要将一笔金额从账号甲转入账号乙。

```
begin transaction
读取账号甲的余额 balance;
balance = balance - amount;
写回 balance;
if（balance<0）then
          { rollback; }
else
          {读取账号乙的余额 balance1;
           balance1 = balance1 + amount;
           写回 balance1;
           commit; }
```

分析：当账号甲余额不足的时候则强行回滚，转账操作撤销，否则转账成功并提交。

2. 系统故障

系统故障是指系统在运行过程中，由于某种原因，造成系统停止运行，以致事务在执行过程中以非常的方式终止。

故障原因：操作系统故障、DBMS 故障、操作失误、硬件故障、突然停电等造成系统停止运行。

处理办法：系统重新启动后，强行撤销所有未完成的事务，重新执行所有已提交的事务。

3. 介质故障

介质故障是指介质中的数据部分丢失或全部丢失。

故障原因：介质损坏。

处理办法：用数据库备份副本装入并覆盖当前数据库。但是，由于副本是一段时间之前备份的，因此需要重做副本以后的事务。

二、数据库恢复技术

数据库恢复技术的关键在于建立备份数据。建立备份数据最常用的技术是：数据转储和登录日志文件。恢复机制涉及两个关键问题：一是如何建立备份数据，二是如何利用备份数据实施数据库备份。

1. 数据转储

数据转储是指把整个数据库复制一份并保存起来，作为后备副本，以做不时之需。

按数据库状态数据转储分为动态转储和静态转储。

（1）静态转储：在系统空闲的时候进行，转储期间不允许对数据库进行操作。其优点是简单、保证副本和数据库数据的一致性；缺点是需等待。

（2）动态转储：转储期间允许对数据库进行操作。其优点是效率高；缺点是不能保证副本和数据库数据的一致性，必须记录转储期间各事务对数据库的修改活动（日志文件）。

按数据转储方式数据转储分为海量转储和增量转储，如表 13-1 所示。

（1）海量转储：每次转储数据库中的全部数据。其优点是简单完整；缺点是花费时间长。

（2）增量转储：每次转储上一次转储后更新过的数据。其优点是效率高；缺点是增加了日志活动。

表 13-1　数据转储类别

分类		两种转储状态	
		动态转储	静态转储
两种转储方式	海量转储	动态海量转储	静态海量转储
	增量转储	动态增量转储	静态增量转储

2. 登录日志文件

日志文件主要用来记录对数据库的更新操作。日志文件中包括很多日志记录。每条记录就是一次操作。每条记录的内容为：事务标识、操作的类型（插入、删除、修改）、操作对象、更新前的旧值（对插入则为空）、更新后的新值（对删除则为空）。

日志文件的主要用途就是用于数据恢复，进行事务故障恢复和系统故障恢复，并协助后备副本进行介质故障恢复。事务故障和系统故障恢复必须用日志文件恢复，在动态转储方式中必须建立日志文件，并结合后备副本和日志文件对数据库进行有效的恢复，静态转储有时也需要建立日志文件。

记录日志文件遵循两个原则：一是先来先登记原则，严格按照并发事务执行的时间顺序登记；二是先写日志文件原则，必须先写日志文件，后写数据库。

三、SQL Server 的数据备份和恢复

尽管系统中采取了种种安全性措施，数据库的破坏仍然有可能发生，如硬件故障、软件错误、操作失误、人为恶意破坏等。所以数据库管理系统必须具有将被破坏的数据库恢复到某一已知的正确状态的功能，这就是数据库的备份和恢复。

微课：备份和
恢复

1. 数据备份和恢复

（1）备份和恢复的原因

数据之所以需要备份和恢复是因为数据会由于很多不可预计的原因遭到破坏或丢失。例如，

● 计算机硬件故障。由于使用不当或产品质量等原因，计算机硬件可能会出现故障。

- 软件故障。软件设计上的失误或使用的不当。
- 病毒。破坏性病毒会破坏软件、硬件和数据。
- 误操作。误使用了诸如 delete、update 等命令而引起数据丢失或被破坏。
- 自然灾害。如火灾、洪水或地震等。
- 盗窃。重要数据可能会遭窃。

备份的目的：在数据库遭到破坏时能够修复数据库，即进行数据库恢复。

备份的实质：数据库恢复就是把数据库从错误状态恢复到某一正确状态。

（2）备份内容

数据库中数据的重要程度决定了数据恢复是否必要及是否重要，也就是决定了数据是否备份及如何备份。数据库需备份的内容可分为数据文件（又分为主要数据文件和次要数据文件）、日志文件两部分。其中，数据文件中所存储的系统数据库是确保 SQL Server 系统正常运行的重要依据，所以，系统数据库必须首先被完全备份。

（3）由谁做备份

SQL Server 中具有下列角色的成员可做备份操作。

- 固定的服务器角色 sysadmin（系统管理员）。
- 固定的数据库角色 db_owner（数据库所有者）。
- 固定的数据库角色 db_backupoperator（允许进行数据库备份的用户）。

（4）备份介质

备份介质是指将数据库备份到的目标载体，即备份到何处。SQL Server 中，允许使用的备份介质有硬盘和磁带两种。

- 硬盘：是最常用的备份介质。硬盘可以用于备份本地文件，也可以备份网络文件。
- 磁带：是大容量的备份介质，磁带仅可备份本地文件。

（5）限制的操作

SQL Server 在执行数据库备份的过程中，允许用户对数据库继续操作，但不允许用户在备份时执行下列操作。

- 创建或删除数据库文件。
- 创建索引。
- 不记日志的命令。

（6）何时备份

对于系统数据库和用户数据库，其备份时机是不同的。

- 系统数据库。当系统数据库 master、msdb 和 model 中的任何一个被修改以后，都要将其备份。master 数据库包含了 SQL Server 系统有关数据库的全部信息，即它是"数据库的数据库"，如果 master 数据库损坏，那么 SQL Server 可能无法启动，并且用户数据库可能无效。当 master 数据库被破坏而没有 master 数据库的备份时，就只能重建全部的系统数据库。由于在 SQL Server 中已废止 SQL Server 2000 中的 Rebuildm.exe 程序，若要重新生成 master 数据库，只能使用 SQL Server 的安装程序来恢复。当修改了系统数据库 msdb 或 model 时，也必须对它们进行备份，以便在系统出现故障时恢复作业以及用户创建的数据库信息。

● 用户数据库。当创建数据库或加载数据库时，应备份数据库。当为数据库创建索引时，应备份数据库，这样在恢复时可以大大节省时间。当清理了日志或执行了不记日志的 T-SQL 命令时，应备份数据库，这是因为若日志记录被清除或命令未记录在事务日志中，日志中将不包含数据库的活动记录，因此不能通过日志恢复数据。不记日志的命令有 backup log with no_log、writetext、updatetext、select into、命令行实用程序、bcp 命令。

（7）备份方法

SQL Server 中有两种基本的备份：一是只备份数据库；二是备份数据库和事务日志。它们又都可以与完全或差异备份相结合。另外，当数据库很大时，也可以进行个别文件或文件组的备份，从而将数据库备份分割为多个较小的备份过程。

● 完全数据库备份。定期备份整个数据库，包括事务日志。其主要优点是简单，备份是单一操作，可按一定的时间间隔预先设定，恢复时只需一个步骤就可以完成。若数据库不大，或者数据库中的数据变化很少甚至是只读的，那么就可以对其进行完全数据库备份。

● 数据库和事务日志备份。不需很频繁地定期进行数据库备份，而是在两次完全数据库备份期间，进行事务日志备份，所备份的事务日志记录了两次数据库备份之间所有的数据库活动记录。执行恢复时，首先恢复最近的完全数据库备份，然后恢复在该完全数据库备份以后的所有事务日志备份。

● 差异备份。差异备份只备份自上次数据库备份后发生更改的部分数据库，它用来扩充完全数据库备份或数据库和事务日志备份方法。对于一个经常修改的数据库，采用差异备份策略可以减少备份和恢复时间。差异备份比全量备份工作量小而且备份速度快，对正在运行的系统影响也较小，因此可以更经常地备份。经常备份将减少丢失数据的危险。

● 数据库文件或文件组备份。这种方法只备份特定的数据库文件或文件组，同时还要定期备份事务日志，这样在恢复时可以只还原已损坏的文件，而不用还原数据库的其余部分，从而可以加快恢复速度。对于被分割在多个文件中的大型数据库，可以使用这种方法进行备份。例如，如果数据库由几个在物理上位于不同磁盘上的文件组成，当其中一个磁盘发生故障时，只需还原发生故障的磁盘上的文件。文件或文件组备份和还原操作必须与事务日志备份一起使用。

操作演示：可视化方式备份恢复

2. SQL Server 的备份和恢复技术

（1）准备工作

数据库恢复的准备工作包括系统安全性检查和备份介质验证。

当系统出现以下情况时，恢复操作将不进行。

● 指定要恢复的数据库已存在，但在备份文件中记录的数据库与其不同。

● 服务器上数据库文件集与备份中的数据库文件集不一样。

● 未提供恢复数据库所需的所有文件或文件组。

恢复时，要确保数据库的备份是有效的，即要验证备份介质。此外还要确定以下内容：备份文件或备份集名及描述信息、所使用的备份介质类型（磁带或磁盘等）、所使用的备份方法、执行备份的日期和时间、备份集的大小、数据库文件及日志文件的逻辑和物理文件名、备份文件的大小。

（2）创建备份设备

创建临时备份设备：临时备份设备，顾名思义，就是只作临时性存储之用，对这种设备只能使用物理名来引用。如果不准备重用备份设备，则可以使用临时备份设备。例如，如果只要进行数据库的一次性备份或测试自动备份操作，可以使用临时备份设备。

语法格式：

```
backup database  数据库名
to   { disk | tape } = { 备份设备的物理路径 }
```

创建永久备份设备：如果要使用备份设备的逻辑名来引用备份设备，就必须在使用它之前创建备份设备。当希望所创建的备份设备能够重新使用或设置系统自动备份数据库时，就要使用永久备份设备。

语法格式：

```
exec sp_addumpdevice '介质类型', '逻辑名称', '全路径文件名（物理路径）'
```

【例2】在本地硬盘上创建一个备份设备。

```
exec sp_addumpdevice 'disk',  'bk1',   'e：\bk1.bak'
```

所创建的备份设备的逻辑名是：bk1。

所创建的备份设备的物理名是：E：\bk1.bak。

【例3】在磁带上创建一个备份设备。

```
exec sp_addumpdevice 'tape',  'bk2',  'e：\\.\bk2'
```

（3）备份整个数据库

语法格式：

```
backup database 数据库名 to   备份设备
```

【例4】使用逻辑名test1在E盘中创建一个命名的备份设备，并将学生成绩数据库完全备份到该设备。

```
exec sp_addumpdevice 'disk' , 'test1', 'e：\test1.bak'
backup database 学生成绩 to test1
```

（4）差异备份数据库

对于需频繁修改的数据库，进行差异备份可以缩短备份和恢复的时间。只有当已完全备份了数据库后才能执行差异备份。

```
backup database 数据库名
```

```
to    备份设备
with differential    --表明备份是差异备份
```

执行差异备份时需注意下列两点。

● 若在上次完全备份数据库后，数据库的某行被修改了，则执行差异备份只保存最后依次改动的值。

● 为了使差异备份设备与完全数据库备份设备能区分开来，应使用不同的设备名。

【例 5】创建临时备份设备并在所创建的临时备份设备上进行差异备份。

```
backup database 学生成绩  to
    disk ='e：\bk1.bak'  with differential
```

（5）使用 restore 语句进行数据库恢复

当存储数据库的物理介质被破坏，或整个数据库被误删除或被破坏时，就要恢复整个数据库。恢复整个数据库时，SQL Server 系统将重新创建数据库及与数据库相关的所有文件，并将文件存放在原来的位置。

【例 6】使用 restore 语句从一个已存在的命名备份介质"学生成绩 bk1"（假设已经创建）中恢复整个学生成绩数据库。

```
backup database 学生成绩 to 学生成绩 bk1
restore database 学生成绩
from 学生成绩 bk1 with    file=1，replace
```

（6）可视化方式进行备份恢复

● 备份数据库。

第 1 步：启动"SQL Server Management Studio"，在"对象资源管理器"中选择"管理"，右击鼠标，在弹出的快捷菜单上选择"备份"菜单项，如图 13-1 所示。

图 13-1　在"对象资源管理器"中选择备份功能

第 2 步：在打开的"备份数据库"对话框（如图 13-2 所示）中设置要备份的数据库名，如学生成绩；在"备份类型"栏中选择备份的类型，有 3 种类型：完整、差异、事务日志。

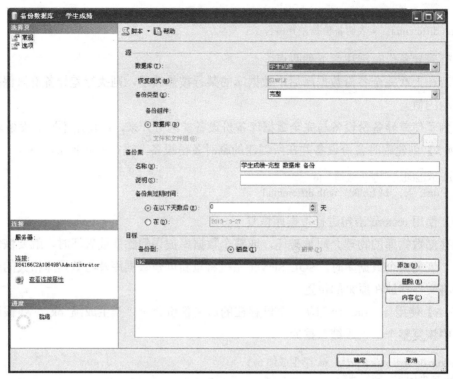

图 13-2　"备份数据库"对话框

　　第 3 步：选择了数据库之后，对话框最下方的"目标"栏中会列出与学生成绩数据库相关的备份设备。可以单击"添加"按钮然后在打开的"选择备份目标"对话框中选择另外的备份目标（即命名的备份介质的名称或临时备份介质的位置），有两个选项："文件名"和"备份设备"。选择"文件名"，再单击后面的 按钮，找到 E 盘的 backup1.bak 文件，如图 13-3 所示，选择完成后单击"确定"按钮，保存备份目标设置。当然，也可以选择"备份设备"选项，然后选择备份设备的逻辑名来进行备份。

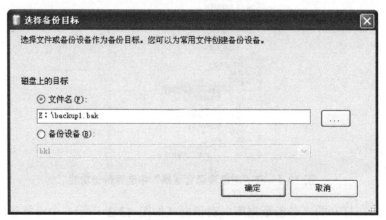

图 13-3　"选择备份目标"对话框

　　● 恢复前的准备。在进行数据库恢复之前，restore 语句要校验有关备份集或备份介质

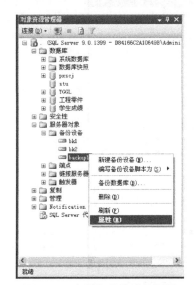

的信息，其目的是确保数据库备份介质是有效的。有两种方法可以得到有关数据库备份介质的信息。

方法 1：使用图形向导方式界面查看所有备份介质的属性。启动"SQL Server Management Studio"→在"对象资源管理器"中展开"服务器对象"，在其中的"备份设备"里面选择欲查看的备份介质，右击鼠标，在弹出的快捷菜单中选择"属性"菜单项，如图 13-4 所示。

方法 2：在打开的"备份设备"对话框中单击"媒体内容"选项页，如图 13-5 所示，将显示所选备份介质的有关信息。例如备份介质所在的服务器名、备份数据库名、备份类型、备份日期、到期日及大小等信息。

图 13-4　查看备份介质的属性　　　图 13-5　查看备份介质的内容并显示备份介质的信息

● 恢复数据库。使用图形向导方式恢复数据库的主要过程如下。

第 1 步：启动"SQL Server Management Studio"→在"对象资源管理器"中展开"数据库"→选择需要恢复的数据库。

第 2 步：如图 13-6 所示，选择"学生成绩"数据库，右击鼠标，在弹出的快捷菜单中选择"任务"菜单项→在弹出的"任务"子菜单中选择"还原"菜单项→在弹出的"还原"子菜单中选择"数据库"菜单项，进入"还原数据库-学生成绩"对话框。

第 3 步：如图 13-7 所示，这里单击"源设备"后面的按钮，在打开的"指定备份"对话框中选择"备份媒体"为"备份设备"，单击"添加"按钮。在打开的"选择备份设备"对话框中，在"备份设备"栏的下拉菜单中选择需要指定恢复的备份设备，如图 13-8 所示。

单击"确定"按钮，返回"指定备份"对话框，再单击"确定"按钮，返回"还原数据库-学生成绩"对话框。

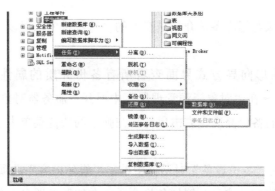

图 13-6　选择还原数据库

图 13-7　"还原数据库-学生成绩"对话框的"常规"选项卡

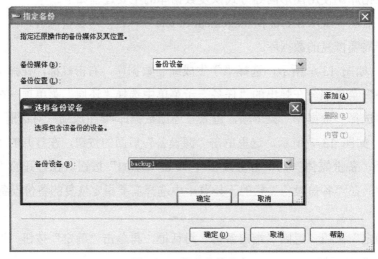

图 13-8　指定备份设备

第 4 步：选择完成备份设备后，"还原数据库-学生成绩"对话框的"选择用于还原的备份集"栏中会列出可以进行还原的备份集，在复选框中选中备份集，如图 13-9 所示。

图 13-9　选择备份集

第 5 步：在图 13-9 所示窗口中单击最左边"选项"选项页，在"还原选项"选项组中勾选"覆盖现有数据库"选项，如图 13-10 所示，单击"确定"按钮，系统将进行恢复并显示恢复进度。

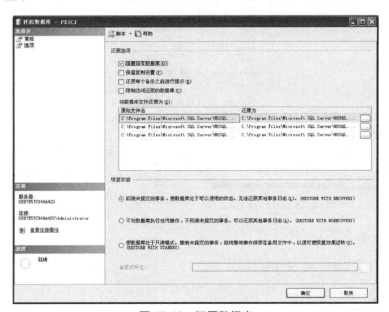

图 13-10　还原数据库

第二节 数据的导入/导出

数据导入/导出是指 SQL Server 数据库系统与外部系统之间进行数据交换的操作。导入数据是从外部数据源中查询或指定数据，并将其插入到 SQL Server 的数据表中的过程，也就是说把其他系统的数据引入到 SQL Server 的数据库中。而导出数据是将 SQL Server 数据库中的数据转换为用户指定格式的数据过程，即将数据从 SQL Server 数据库中引出到其他系统中去。

微课：数据的导入/导出

数据导入/导出工具用于在不同的 SQL Server 服务器之间传递数据，也用于在 SQL Server 与其他数据库管理系统（如 Access、Visual FoxPro、Oracle 等）或其他数据格式（如电子表格或文本文件）之间交换数据。

数据导入即从外部将数据导入到 SQL Server 某个数据表中，需要指定外部数据类型、数据所在的地址和文件名或数据库中的哪个表、将要导入到 SQL Server 中的哪个数据库中、用什么表来存储数据等内容。下面通过将一个数据库中的数据导入到 txt 文本中，来说明数据导入的基本步骤。

导入数据的主要步骤如图 13-11 所示。

微课录屏：数据的导入/导出

第一步：打开导入数据向导

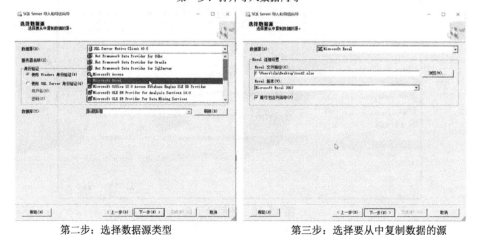

第二步：选择数据源类型   第三步：选择要从中复制数据的源

图 13-11　导入数据的主要步骤

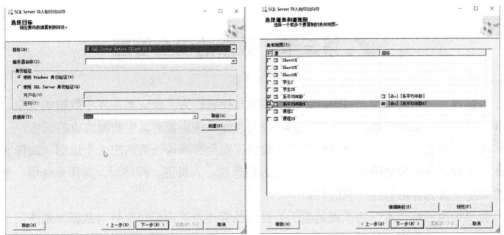

第四步：选择数据要复制到的目标　　　　第五步：选择源表和源视图

图 13-11　导入数据的主要步骤（续）

导出数据的主要步骤，如图 13-12 所示。

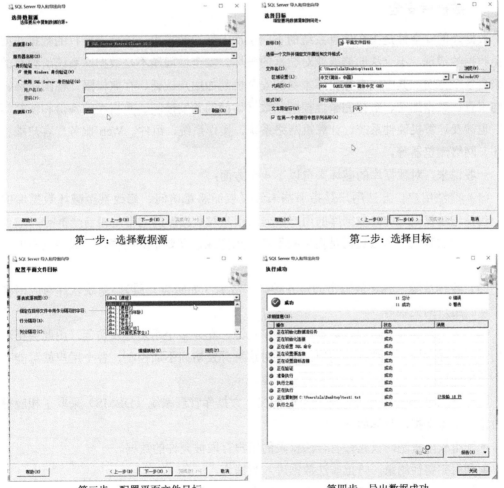

第一步：选择数据源　　　　　　　　　　第二步：选择目标

第三步：配置平面文件目标　　　　　　　第四步：导出数据成功

图 13-12　导出数据的主要步骤

第三节　数据的安全管理

数据库系统中的数据由 DBMS 统一管理与控制，为了保证数据库中数据的安全、完整和正确有效，要求对数据库实施保护，使其免受某些因素对其中数据造成的破坏。

为了保护数据库，防止恶意地滥用，数据库安全必须从低到高的 5 个级别（或称 5 个层次）上设置各种安全措施，这 5 个层次为物理层、人员层、网络层、操作系统层、数据库系统层（有完善的访问控制机制）。

需要说明的是，本书的重点是基于数据库的管理及其应用情况针对数据库系统层来介绍数据库的安全性机制。

一、数据库安全措施

1. 数据库安全

数据库的安全性是指在信息系统的不同层次上保护数据库，防止未授权的数据访问，避免数据的泄漏、不合法的修改或对数据的破坏。安全性问题不是数据库系统所独有的，它来自各个方面，其中既有数据库本身的安全机制如用户认证、存取权限、视图隔离、跟踪与审查、数据加密、数据完整性控制、数据访问的并发控制、数据库的备份和恢复等方面，也涉及计算机硬件系统、计算机网络系统、操作系统、组件、Web 服务、客户端应用程序、网络浏览器等。

一般说来，对数据库的破坏来自以下 4 个方面：

（1）非法用户。非法用户是指那些未经授权而恶意访问、修改甚至破坏数据库的用户，包括超越权限来访问数据库的用户。非法用户对数据库的危害是相当严重的。

（2）非法数据。非法数据是指那些不符合规定或语义要求的数据，一般由用户的误操作引起。

（3）各种故障。各种故障指的是各种硬件故障（如磁盘介质）、系统软件与应用软件的错误、用户的失误等。

（4）多用户的并发访问。数据库是共享资源，允许多个用户并发访问，由此会出现多个用户同时存取同一个数据的情况。如果对这种并发访问不加控制，各个用户就可能存取到不正确的数据，从而破坏数据库的一致性。

针对以上 4 种对数据库破坏的可能情况，数据库管理系统（DBMS）采取了相应措施对数据库实施保护，具体如下。

● 利用权限机制，只允许有合法权限的用户存取被允许的数据。

● 利用完整性约束，防止非法数据进入数据库。

● 提供故障恢复（Recovery）能力，以保证各种故障发生后，能将数据库中的数据从错误状态恢复到一致状态。

● 提供并发控制（Concurrent Control）机制，控制多个用户对同一数据的并发操作，以保证多个用户并发访问的顺利进行。

数据库系统安全保护措施是否有效是数据库系统优秀的主要指标之一。

2. 数据库的安全性机制

在一般数据库系统中，安全措施是一级一级逐层设置的，如图 13-13 所示。

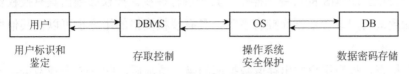

图 13-13　数据库的安全性机制

在图 13-13 所示的安全模型中，用户要进入计算机系统，系统首先根据输入的用户标识进行用户身份鉴定，数据库系统不允许一个未经授权的用户对数据库进行操作，只有合法的用户才准许进入计算机系统。对已经进入系统的用户，DBMS 要进行存取控制，只允许用户执行合法操作，操作系统级别也会有自己的保护措施，数据最后还可以以密码形式存储在数据库中。

用户标识和鉴定，即用户认证，是系统提供的最外层安全保护措施。其方法是由系统提供一定的方式让用户标识自己的名字或身份，每次用户要求进入系统时，由系统进行核对，通过鉴定后才提供机器使用权。对于获得使用权的用户若要使用数据库时，数据库管理系统还要进行用户标识和鉴定。

用户标识和鉴定的方法有很多种，而且在一个系统中往往多种方法并用，以得到更强的安全性，常用的方法是用户名和口令。

通过用户名和口令来鉴别用户的方法简单易行，但其可靠性极差，容易被他人猜到或测出。因此，设置口令对安全强度要求比较高的系统不适用。近年来，一些更加有效的身份认证技术迅速发展起来。例如使用某种计算机程序和函数、智能卡技术、物理特征（指纹、声音、手图、虹膜等）认证技术等具有高强度的身份认证技术日益成熟，并取得了不少应用成果，为将来达到更高的安全强度要求打下了坚实的基础。

二、存取控制

DBMS 的存取控制机制是数据安全的一个重要保证，它确保具有数据库使用权的用户访问数据库，即保证用户只能存取该用户权限内存取的数据。也就是说确保只授权给有资格的用户访问数据库的权限，同时令所有未被授权的人员无法访问数据，这主要通过数据库系统的存取控制机制实现。存取控制是在数据库系统内部对已经进入系统的用户的访问进行控制，是安全数据保护的前沿屏障，是数据库安全系统中的核心技术，也是最有效的安全手段。

在存取控制技术中，DBMS 所管理的全体实体分为主体和客体两类。主体（Subject）是系统中的活动实体，包括 DBMS 所管理的实际用户，也包括代表用户的各种进程。客体（Object）是存储信息的被动实体，是受主体操作的，包括文件、基本表、索引和视图等数据库对象。

数据库存取控制机制包括两个部分。

● 定义用户权限，称为授权，即规定各用户的数据操作的权限。授权可以采用数据控制语言 DCL 或者 DBMS 的可视化操作工具来进行授权。授权必须由具有授权资格的用户来进行，如超级用户或者数据库拥有者等，具有授权资格的用户也可以使其他用户拥有授权资格。

● 权限检查，每当用户发出存取数据库的操作请求后，DBMS 查找数据字典，根据用户权限进行合法权限检查，若用户的操作请求超出了定义的权限，系统拒绝执行此操作。

存取控制机制按主动与被动可以分为两类：自主型存取控制（DAC）和强制型存取控制（MAC）两种类型。

（1）自主型存取控制（DAC）

自主型存取控制是用户访问数据库的一种常用的安全控制方法，较为适合于单机方式下的安全控制，大型数据库管理系统几乎都支持自主型存取控制。在自主型存取控制中，用户对于不同的数据对象有不同的存取权限，不同的用户对同一对象也有不同的权限，而且用户还可将其拥有的存取权限转授给其他用户。用户权限由数据对象和操作类型这两个因素决定。定义一个用户的存取权限就是要定义这个用户可以在哪些数据对象上进行哪些类型的操作。在数据库系统中，定义存取权限称为授权。

自主型存取控制的安全控制机制是一种存取矩阵的模型，此模型由主体、客体与存/取操作构成，矩阵的列表示主体，矩阵的行表示客体，而矩阵中的元素表示存/取操作（如读、写、修改和删除等），如表 13-2 所示。

表 13-2 授权存/取矩阵模型

客体	主体			
	主体 1	主体 2	……	主体 n
客体 1	write	delete	……	update
客体 2	delete	read	……	write/read
……	……	……	……	……
客体 m	update	read	……	update

在这种存取控制模型中，系统根据对用户的授权构成授权存取矩阵，每个用户对每个信息资源对象都要给定某个级别的存取权限，如读、写等。当用户申请以某种方式存取某个资源时，系统就根据用户的请求与系统授权存取矩阵进行匹配比较，通过则允许满足该用户的请求，提供可靠的数据存取方式，否则，拒绝该用户的访问请求。

目前的 SQL 标准也对自主型存取控制提供支持，主要通过 SQL 的 grant 语句和 revoke 语句来实现权限的授予和收回，相关内容将在下节详细介绍。

自主型存取控制能够通过授权机制有效地控制其他用户对敏感数据的存取，但是由于用户对数据的存取权限是"自主"的，有权限的用户可以自由地决定将数据的存取权限授予别的用户，而无须系统的确认。这样，系统的授权存取矩阵就可以被直接或间接地进行修改，可能导致数据的"无意泄漏"，给数据库系统造成不安全。要解决这一问题，就需要对系统控制下的所有主体、客体实施强制型存取控制策略。

（2）强制型存取控制（MAC）

所谓 MAC 是指系统为保证更高程度的安全性，按照 TCSEC 标准中安全策略的要求，采取强制存取检查手段。强制型存取控制较为适用于网络环境，对网络中的数据库安全实体做统一的、强制性的访问管理。

强制型存取控制策略主要通过对主体和客体的已分配的安全属性进行匹配判断，决定主体是否有权对客体进行进一步的访问操作。对于主体和客体，DBMS 为它们的每个实例指派一个敏感度标记。敏感度标记被分成若干级别，如绝密、机密、可信、公开等。主体的敏感度标记称为许可证级别，客体的敏感度标记称为密级。在强制型存取控制下，每一个数据对象被标以一定的密级，每一个用户也被授予某一个级别的许可证。对于任意一个对象，只有具有合法许可证的用户才可以存取。而且，该授权状态一般情况下不能被改变，这是强制型存取控制模型与自主型存取控制模型实质性的区别。一般用户或程序不能修改系统安全授权状态，只有特定的系统权限管理员才可以，而且要根据系统实际的需要来有效地修改系统的授权状态，以保证数据库系统的安全性能。

强制型存取控制策略是基于以下两个规则的。

● 仅当主体的许可证级别大于或等于客体的密级时，主体对客体具有读权限。

● 仅当客体的密级大于或等于主体的许可证级别时，主体对客体具有写权限。

这两个规则的共同点在于它们均禁止了拥有高许可证级别的主体更新低密级的数据对象，从而防止了敏感数据的泄漏。

强制型安全存取控制模型的不足之处是它可能给用户使用自己的数据带来诸多的不便，原因是这些限制过于严格，但是对于任何一个严肃的安全系统而言，强制型安全存取控制是必要的，它可以避免和防止大多数有意无意对数据库的侵害。

由于较高安全性级别提供的安全保护要包含较低级别的所有保护，因此在实现强制型存取控制时要首先实现自主型存取控制，即自主型存取控制与强制型存取控制共同构成了 DBMS 的安全机制。系统首先进行自主型存取控制检查，对通过检查的允许存取的主体与客体再由系统进行强制型存取控制的检查，只有通过检查的数据对象方可有存取权限。

（3）存取权限

存取权限由两个要素组成：数据对象和操作类型。即每个用户能对哪些数据进行操作和进行哪些操作，如表 13-3 所示。

表 13-3　存取权限

	数据对象	操作类型
关系模式	外模式	建立、修改、检索
	模式	建立、修改、检索
	内模式	建立、修改、检索
数据	表	查找、插入、修改、删除
	属性	查找、插入、修改、删除

（4）授权粒度

衡量授权机制是否灵活的一个重要指标是授权粒度的大小（即可以定义的数据对象的范围）。粒度越小，即可以定义的数据对象的范围越小，授权系统就越灵活，但系统定义和检查权限的开销也越大。

三、其他数据库安全性手段

除了前面所介绍的数据库安全性手段外，其他常用的安全性手段还有以下几种。

1. 定义视图

在关系数据库系统中，为不同的用户定义不同的视图，通过视图机制把要保密的数据对无权存取这些数据的用户隐藏起来，从而自动地对数据提供一定程度的安全保护。但是，视图机制最主要的功能是保证应用程序的数据独立性，其安全保护功能太不精细，远不能达到实际应用的要求。在一个实际的数据库应用系统中，通常是视图机制与授权机制配合使用的，首先用视图机制屏蔽掉一些保密数据，然后基于视图再进一步定义其存取权限。

2. 数据加密

数据加密是防止数据库中的数据在存储和传输中失密的有效手段。其方法是：采用加密算法把原文变为密文来实现，常用的加密算法有"替换方法"和"明键加密法（公开密钥算法）"。

3. 审计

审计是指将所有用户的所有操作内容和操作时间记录在一个专门的数据库（称为审计日志）中。一旦发生非法存取，可以利用审计找出非法存取数据的人、时间、操作内容等信息。

前面所介绍的数据库安全性保护措施都是正面的预防性措施，它防止非法用户进入 DBMS 并从数据库系统中窃取或破坏保密的数据。而跟踪审查则是一种事后监视的安全性保护措施，它跟踪数据库的访问活动，以发现数据库的非法访问，达到安全防范的目的。DBMS 的

微课：数据库的
安全管理

跟踪程序可对某些保密数据进行跟踪监测，并记录有关这些数据的访问活动。当发现潜在

的窃密活动（如重复的、相似的查询等）时，一些有自动警报功能的 DBMS 就会发出警报信息。对于没有自动报警功能的 DBMS，也可根据这些跟踪记录信息进行事后分析和调查。跟踪审查的结果记录在一个特殊的文件上，这个文件叫跟踪审查记录。跟踪审查记录一般包括下列内容：操作类型（例如修改、查询等）、操作终端标识与操作者标识、操作日期和时间、所涉及的数据、数据的前像和后像。

四、SQL Server 的安全体系结构

SQL Server 的安全体系结构也是一级一级逐层设置的。如果一个用户要访问 SQL Server 数据库中的数据，必须经过 4 个认证过程，如图 13-14 所示。

第一层：Windows 操作系统的安全防线。这个认证过程是 Windows 操作系统的认证。

第二层：SQL Server 运行的安全防线。这个认证过程是身份验证，需通过登录账户来标识用户，身份验证只验证用户是否具有连接到 SQL Server 数据库服务器的资格。

第三层：SQL Server 数据库的安全防线。这个认证过程是当用户访问数据库时，必须具有对具体数据库的访问权，即验证用户是否是数据库的合法用户。

第四层：SQL Server 数据库对象的安全防线。这个认证过程是当用户操作数据库中的数据对象时，必须具有相应的操作权，即验证用户是否具有操作权限。

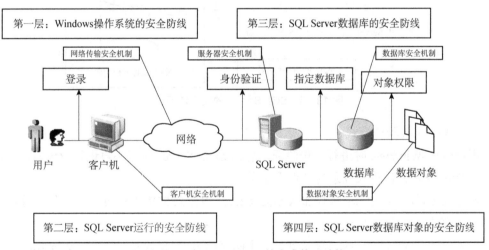

图 13-14　SQL Server 的安全体系结构

五、SQL Server 的安全认证模式

第一层：访问操作系统（账号和密码）。

第二层：访问 SQL Server。

方法 1：Windows 账号登录（如非系统管理员，则受限）。

方法 2：创建 SQL Server 的登录名。

第三层：访问数据库。

方法 1：把 SQL Server 的登录名加为数据库的用户。

方法 2：把登录名加为服务器的角色成员（授权粒度太大）。

第四层：访问数据和数据库对象。

方法 1：给数据库用户授权。

方法 2：把用户加为固定数据库角色成员（授权粒度较大）。

方法 3：创建数据库角色，把用户加为角色成员，通过为角色授权的方式为用户授权（适合为批量用户授权）。

1. SQL Server 身份验证

SQL Server 身份验证模式是指 SQL Server 确认用户的方式。认证方法是用来确认登录 SQL Server 的用户的登录账号和密码的正确性，由此来验证其是否具有连接 SQL Server 的权限。SQL Server 提供了两种确认用户的认证模式：Windows 验证模式和 SQL Server 验证模式。图 13-15 中给出了这两种方式登录 SQL Server 服务器的情形。

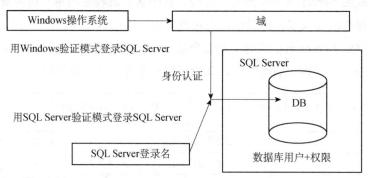

图 13-15　SQL Server 的安全认证模式

（1）Windows 验证模式

用户登录 Windows 时进行身份验证，登录 SQL Server 时就不再进行身份验证。以下是对于 Windows 验证模式登录的几点重要说明。

● 必须提前将 Windows 账户加入 SQL Server 中作为 SQL Server 的登录用户才能采用 Windows 账户登录 SQL Server。

● 如果使用 Windows 账户登录到另一个网络的 SQL Server，必须在 Windows 中设置彼此的托管权限。

（2）SQL Server 验证模式

在 SQL Server 验证模式下，SQL Server 服务器要对登录的用户进行身份验证，默认的用户名为"sa"，密码可以在安装 SQL Server 时设定。

当 SQL Server 在 Windows 上运行时，系统管理员设定登录验证模式的类型为 Windows 验证模式和混合模式。当采用混合模式时，SQL Server 系统既允许使用 Windows 登录名登录，也允许使用 SQL Server 登录名登录。

【两者区别】Windows 验证模式是指 SQL Server 服务器通过 Windows 身份验证连接

到 SQL Server，它允许一个用户登录到服务器上时不必再提供一个单独的登录账号和口令，只需要拥有 Windows 的管理员权限即可。

混合模式是指用户可以使用 SQL Server 身份验证或 Windows 身份验证连接到 SQL Server。

修改身份验证模式的方法：打开对象资源管理器，用 Windows 方式连接进入数据库，右键单击数据服务器，在弹出的快捷菜单中选择"属性"→"安全性"菜单项，在打开的"服务器属性"对话框的"服务器身份验证"下选择"SQL Server 和 Windows 身份验证模式"，再次连接时就会出现两种登录模式。具体步骤如图 13-16～图 13-18 所示。

图 13-16　选择服务器属性

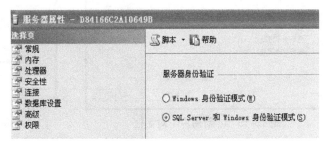

图 13-17　选择服务器的身份验证模式（混合模式）

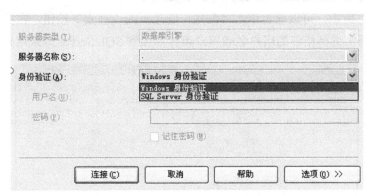

图 13-18　登录 SQL Server 时的身份验证

2. 创建 SQL Server 的登录用户（第二层：SQL Server 运行的安全防线）

创建 SQL Server 的登录用户有两种方法：可视化方式和命令方式。

（1）可视化方式建立 Windows 验证模式的登录名

第 1 步：创建 Windows 的用户。

以管理员身份登录到 Windows 操作系统，选择"开始"菜单→打开"控制面板"中的"性能和维护"→选择其中的"管理工具"→双击"计算机管理"，进入"计算机管理"窗口。

在该窗口中选择"本地用户和组"中的"用户"图标，右击，在弹出的快捷菜单中选择"新用户"菜单项，打开"新用户"对话框。如图 13-19 所示，在该对话框中输入用户名、密码，单击"创建"按钮，然后单击"关闭"按钮，完成新用户的创建。

以管理员身份登录到 SQL Server Management Studio，在"对象资源管理器"中，找到并选择如图 13-20 所示的"登录名"项。右击鼠标，在弹出的快捷菜单中选择"新建登录名"菜单项，打开"登录名-新建"窗口。

图 13-19   "新用户"对话框   图 13-20 新建登录名

第 2 步：将 Windows 账户加入到 SQL Server 中。

如图 13-21 所示，可以通过单击"常规"选项页的"搜索"按钮，在打开的"选择用户或组"对话框中选择相应的用户名或用户组并添加到 SQL Server 登录用户列表中。

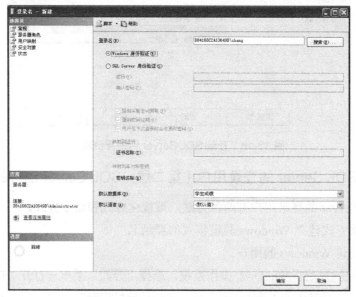

图 13-21   创建 Windows 登录用户

（2）可视化方式建立 SQL Server 验证模式的登录名

要建立 SQL Server 验证模式的登录名，首先应将验证模式设置为混合模式。之前，在安装过程中已经将验证模式设置为混合模式。如果用户在安装 SQL Server 时没有将验证模式设置为混合模式，则先要将验证模式设为混合模式，步骤介绍如下。

第 1 步：在"对象资源管理器"中选择要登录的 SQL Server 服务器图标，右击鼠标，在弹出的快捷菜单中选择"属性"菜单项，打开"服务器属性"对话框。

第 2 步：在打开的"服务器属性"对话框中选择"安全性"选项页。选择"服务器身份验证"为"SQL Server 和 Windows 身份验证模式"，单击"确定"按钮，保存新的配置，重启 SQL Server 服务即可。

创建 SQL Server 验证模式的登录名也在图 13-21 所示的界面中进行，输入一个自己定义的登录名，如"zhang"，选中"SQL Server 身份验证"选项，输入密码，并将"强制密码过期"复选框中的钩去掉，设置完成单击"确定"按钮即可。

为了测试创建的登录名能否连接 SQL Server，可以进行测试，具体步骤为：在"对象资源管理器"窗口中单击"连接"，在下拉框中选择"数据库引擎"，弹出"连接到服务器"对话框。在该对话框中，"身份验证"选择"SQL Server 身份验证"，"登录名"填写 zhang，输入密码，单击"连接"按钮，就能连接 SQL Server 了。登录后的"对象资源管理器"界面如图 13-22 所示。

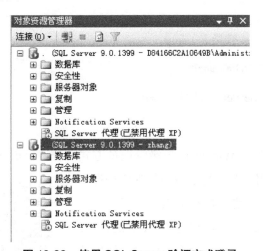

图 13-22 使用 SQL Server 验证方式登录

（2）命令方式

创建 Windows 登录用户或 SQL Server 登录用户可以使用 create login 命令来实现。

语法格式如下：

```
create login  登录名
{ with password = '密码' [ , <option_list> [ , ...] ]
                        /*with 子句用于创建 sql server 登录名*/
|from                   /*from 子句用户创建其他登录名*/
      {windows [ with <windows_options> [ , ...]] } }
```

【例 7】使用命令方式创建 Windows 登录名 zhang（假设 Windows 用户 zhang 已经创建，本地计算机名为 www-c0b56789fa），默认数据库设为 pubs。

```
create login  www-c0b56789fa\zhang  --www-c0b56789fa 是计算机全名
from windows      --zhang 必须为 Windows 用户
with default_database=pubs   --默认打开的数据库为系统数据库 pubs
```

【例 8】创建 SQL Server 登录名 mysql，密码为 123，默认数据库设为 master。

```
create login mysql
with password='123',
            default_database=master
```

此外，还可以使用存储过程方式创建 SQL Server 的登录用户，其语法格式如下：

```
sp_addlogin[@loginame=] '登录名'      --sp_addlogin 是系统存储过程
  [, [@passwd=] '口令']                --设置登录密码
  [, [@defdb=] '默认打开的数据库名']
              --默认打开的数据库须为系统数据库，默认为 master
```

所以，例 8 还可以用以下代码实现：

```
exec sp_addlogin mysql, '123', 'master'
```

删除登录名的语法格式为：

```
drop login   登录名
```

【例 9】删除 Windows 登录名 wang。

```
drop login [www-c0b56789fa\wang]
```

【例 10】删除 SQL Server 登录名 mysql。

```
drop login mysql
```

默认情况下，和使用 Windows 超级管理员方式一样，SQL Server 默认的登录名为"sa"，密码为空。使用登录名登录后，因为它们拥有管理员的权限，所以可以进行所有的操作。但是，一般情况下，用户新建的一个非管理员权限的 SQL Server 登录名或 Windows 账号为受限用户，使用该账号登录 SQL Server 后只能看到系统数据库，而无法看到用户数据库。所以，需要继续为这些登录用户授权。

操作演示：创建登录名并通过加入服务器角色方式访问数据库

操作演示：把 SQL Server 登录名加为数据库用户方式访问数据库

3. SQL Server 数据库用户（第三层：SQL Server 数据库的安全防线）

在 SQL Server 中，用户分为登录用户（login）和数据库用户。登录用户是用于进入 SQL Server 的用户。数据库用户是指操作数据库的用户。登录用户只有成为数据库用户后才能访问数据库。

SQL Server 默认有两个 login 用户：sa 和 BULTIN/administrators，sa 是系统管理员的简称，BULTIN/administrators 是 Windows 的系统管理员，它们都是超级用户，对数据库拥有一切权限。

SQL Server 对于所有的用户数据库默认有两个数据库用户：dbo（数据库拥有者）和 guest。dbo 拥有一切数据库操作权限。guest 是一个登录用户在被设定为某个数据库用户之前，可用 guest 用户身份访问数据库，只不过其权限非常有限。

（1）可视化操作

创建数据库用户账户的步骤如下（以学生成绩数据库为例）：以系统管理员身份连接 SQL Server，展开"数据库"→"学生成绩"→"安全性"→选择"用户"，右击鼠标，在弹出的快捷菜单中选择"新建用户"菜单项，进入"数据库用户-新建"窗口。在"用户名"框中填写一个数据库用户名，"登录名"框中填写一个能够登录 SQL Server 的登录名，如 zhang。

注意：一个登录名在本数据库中只能创建一个数据库用户。"默认架构"为 dbo，如图 13-23 所示，单击"确定"按钮完成创建。

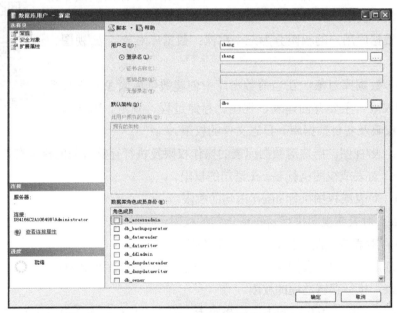

图 13-23　新建数据库用户账户

（2）命令方式

SQL Server 可用以下命令授权登录用户成为数据库用户，该命令必须要在连接所要访问的数据库后方可执行。

语法格式：

```
sp_adduser [@loginame=] '登录名' --sp_adduser 为系统存储过程
[, [@name_in_db=] '访问数据库时用的用户名']
                          --数据库用户名可以和登录名不一致
```

199

【例 11】把 SQL Server 登录名 sql 加为学生成绩数据库的数据库用户，用户名为"sql_stu"。

```
exec sp_adduser  'sql', 'sql_stu'    --exec 可以省略
```

删除数据库用户使用 drop user 语句。

语法格式：

```
drop user 数据库用户名
```

【例 12】删除学生成绩数据库的数据库用户 zhang。

```
use 学生成绩        --跳转到学生成绩数据库
go
drop user zhang
```

4．存取控制（第四层：数据库对象的安全防线）

当用户成为数据库的合法用户后，除了可以查看用户数据库中的系统表之外，并不具有操作数据库中对象的任何权限，因此，需给数据库中的用户授予操作数据库对象的权限。

可授予数据库用户的权限分为三个层次：数据库对象、表/视图、表字段。

第一层：数据库对象。在当前数据库中创建数据库对象及进行数据库备份的权限，主要有创建表、视图、存储过程、规则、默认值对象、函数的权限及备份数据库、日志文件的权限。

操作演示：为数据库用户授权（SQL方式）

第二层：表/视图。用户对数据库表的操作权限及执行存储过程的权限有以下几项。

● select：对表或视图执行 select 语句的权限。

● insert：对表或视图执行 insert 语句的权限。

● update：对表或视图执行 update 语句的权限。

● delete：对表或视图执行 delete 语句的权限。

● references：用户对表的主键和唯一索引字段生成外键引用的权限。

● execute：执行存储过程的权限。

第三层：表字段。用户对数据库中指定表字段的操作权限主要有以下几项。

● select：对表字段进行查询操作的权限。

● update：对表字段进行更新操作的权限。

SQL Server 对权限的管理包含如下三个。

● 授予权限：允许用户或角色具有某种操作权。

● 收回权限：删除以前在当前数据库内的用户所授予或拒绝的权限。

● 拒绝权限：拒绝给当前数据库内的安全账户授予权限并防止安全账户通过其组或角色成员继承权限。

在 SQL Server 中，针对可授予数据库用户的三个层次的权限（数据库对象、表/视

图表字段），权限分为对象权限、语句权限和隐含权限三种，可以采用可视化方式和命令实现。

（1）以可视化方式授予语句权限

方法一：授予数据库对象的权限。

以给数据库用户 zhang 授予课程表上的 select、insert 的权限为例来进行介绍，步骤如下。

以系统管理员身份登录到 SQL Server 服务器，在"对象资源管理器"中展开"数据库"→"学生成绩"→"表"→"课程"，右击鼠标，在弹出的快捷菜单中选择"属性"菜单项进入课程表的属性窗口，选择"权限"选项页。

单击"添加"按钮，在弹出的"选择用户或角色"对话框中单击"浏览"按钮，选择需要授权的用户或角色（如 zhang），选择后单击"确定"按钮回到课程表的属性窗口。在该窗口中选择用户（如 zhang），在"zhang 的显式权限"列表中选择需要授予的权限（如 Select、Insert），如图 13-24 所示，单击"确定"按钮完成授权。

方法二：授予数据库上的权限。

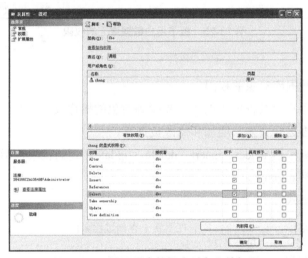

图 13-24　授予用户数据库对象上的权限

以给数据库用户 zhang（假设该用户已经使用 SQL Server 登录名"zhang"创建）授予学生成绩数据库的 create table 语句的权限为例，在 SQL Server Management Studio 中授予用户权限的步骤如下。

以系统管理员身份登录到 SQL Server 服务器，在"对象资源管理器"中展开"数据库"→"学生成绩"，右击鼠标，在弹出的快捷菜单中选择"属性"菜单项进入学生成绩数据库的属性窗口，选择"权限"选项页。

在"用户或角色"栏中选择需要授予权限的用户或角色（如 zhang），在窗口下方列出的"zhang 的显式权限"列表中找到相应的权限（如 Create table），在"授予"复选框中打钩，如图 13-25 所示。单击"确定"按钮即可完成。如果需要授予权限的用户在列出的用户列表中不存在，则可以单击"添加"按钮将该用户添加到列表中再选择。选择用户后单击"有效权限"按钮可以查看该用户在当前数据库中有哪些权限。

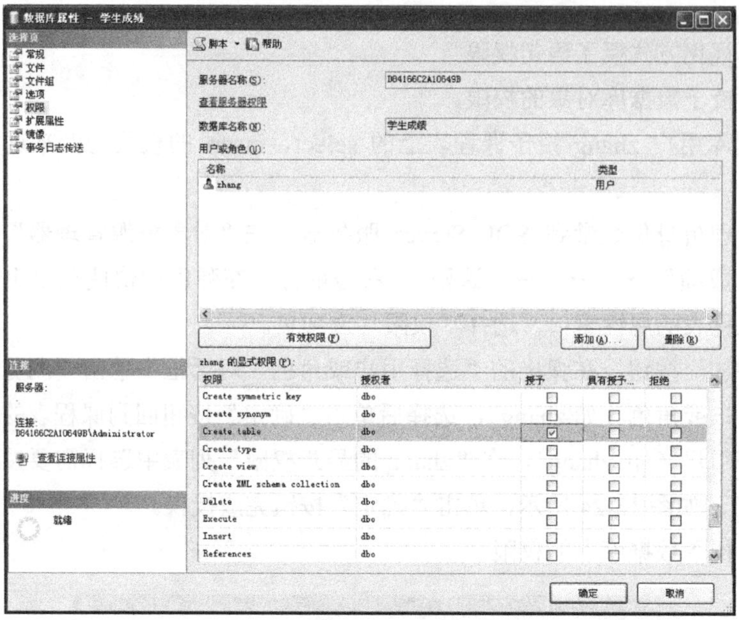

图 13-25　授予用户数据库上的权限

（2）命令方式

方法一：授予数据库对象的权限。

对象权限是指用户对数据库中的表、视图等对象的操作权，相当于数据操作语言的语句权限，比如，是否运行查询、增加和修改数据等。

表、视图的权限包括 select、insert、delete、update。列的权限包括 select 和 update。存储过程的权限包括 execute。

授权语句语法格式：

```
grant  对象权限名[,  …]  on  {表名 | 视图名 | 存储过程名}
to  {数据库用户名 | 用户角色名}[,  …]
[with  grant  option]
```

说明：可选项[with grant option]表示获得权限的用户还能获得传递权限，把获得的权限传授给其他用户。

【例 13】把对学生表的查询权和插入权授予给用户 user1，user1 同时获得将这些权限转授给其他用户的权限。

```
grant  select，insert  on  学生
to  user1
with  grant  option
```

【例 14】把对学生表的姓名属性的修改权授予给用户 user1。

```
grant  update（姓名）  on  学生
to  user1
```

收回权限的语法格式：

```
revoke   对象权限名[, …]   on   {表名|视图名|存储过程名}
from   {数据库用户名|用户角色名}[, …]
[restrict | cascade]
```

说明：可选项[restrict|cascade]中，cascade 表示回收权限时要引起连锁回收。即从用户回收权限时，要把用户转授出去的同样的权限同时回收。restrict 表示，当不存在连锁回收时，才能回收权限，否则系统拒绝回收。

【例 15】从用户 user1 收回学生对学生表的插入权，若 user1 已把获得的对学生表的插入权转授给其他用户，则连锁收回。

```
revoke   insert on 学生
from   user1 cascade
```

【例 16】若 user1 已把获得的对学生表的插入权转授给其他用户，则上述收回语句执行失败，否则收回成功。

```
revoke   insert on 学生
from   user1 restrict
```

拒绝权限语句的语法格式：

```
deny   对象权限名[, …]   on {表名 | 视图名 | 存储过程名}
to   {数据库用户名|用户角色名}[, …]
```

【例 17】拒绝用户 user1 对学生表进行修改。

```
deny   update   on   学生
to   user1
```

方法二：授予数据库上的权限。

语句权限是指创建数据库或数据库中的项目的权限，相当于数据定义语言的语句权限。语句权限包括 create database、create table、create view、create default、create rule、create function、create procedure、backup   database、backup log。

授予权限语句的语法格式：

```
grant   语句权限名[, …]
to   {数据库用户名|用户角色名}[, …]
```

【例 18】授予用户 user1 创建数据库表的权限。

```
grant   create   table   to   user1
```

收回权限语句的语法格式：

```
revoke   语句权限名[, …]
from   {数据库用户名|用户角色名}[, …]
```

【例 19】收回用户 user1 创建数据库表的权限。

```
revoke   create   table
```

```
from   user1
```

拒绝权限语句的语法格式：

```
deny   语句权限名[, …]
to    {数据库用户名|用户角色名}[, …]
```

【例 20】拒绝用户 user1 创建视图的权限。

```
deny   create   view
to    user1
```

【例 21】将学生表的查询和插入权赋给用户 zln。

```
grant select，insert on   学生
to zln
```

【例 22】将学生表的查询和插入权赋给用户 zln1，并且 zln1 可以授权给其他用户。

```
grant   select，insert   on   学生
to zln1 with   grant
```

【例 23】收回用户 zln2 对学生表的查询和插入权限。

```
revoke   select，insert   on   学生
from zln2
```

【例 24】把对选课表的全部权限授予用户 zln1 和 zln2。

```
grant   all privileges on 选课
to zln1，zln2
```

【例 25】把查询学生表和修改学生姓名的权限授予用户 zln3。

```
grant select，update （姓名） on   学生
to zln3
```

【例 26】把对课程表的查询权限授予所有用户。

```
grant select on 课程
to public
```

【例 27】把建立新表的权限授予用户 zln1。

```
grant create table
to zln1
```

【例 28】收回用户 zln1 建立新表的权限。

```
revoke create table
from zln1
```

（3）隐含权限

隐含权限是指由 SQL Server 预定义的服务器角色、数据库角色、数据库拥有者和数据库对象拥有者所具有的权限。隐含权限是由系统预先定义好的，相当于内置权限，

不需要再明确地授予这些权限。例如，数据库拥有者自动地拥有对数据库进行一切操作的权限。

在数据库中，为了便于管理用户及权限，可以将一组具有相同权限的用户组织在一起，这一组具有相同权限的用户称为角色（Role）。在 SQL Server 中，角色分为系统角色和用户自定义的角色，系统角色又分为服务器级系统角色和数据库级系统角色。服务器级系统角色是为整个服务器设置的，数据库级系统角色是为具体的数据库设置的。下面介绍固定服务器角色和数据库角色，以及通过角色实现为用户集中授权的方法。

3. 固定服务器角色与数据库角色

（1）固定服务器角色

服务器角色独立于各个数据库。如果在 SQL Server 中创建一个登录名后，要赋予该登录者具有管理服务器的权限，此时可设置该登录名为服务器角色的成员。SQL Server 提供了以下固定服务器角色。

sysadmin：系统管理员，可对 SQL Server 服务器进行所有的管理工作，为最高管理角色。这个角色一般适合于数据库管理员（DBA）。

securityadmin：安全管理员，可以管理登录和 create database 权限，还可以读取错误日志和更改密码。

serveradmin：服务器管理员，具有设置及关闭服务器的权限。

setupadmin：设置管理员，添加和删除链接服务器，并执行某些系统存储过程。

processadmin：进程管理员，可以用来结束进程。

diskadmin：用于管理磁盘文件。

dbcreator：数据库创建者，可创建、更改、删除或还原任何数据库。

bulkadmin：可执行 bulk insert 语句，但是这些成员对要插入数据的表必须拥有insert 权限。bulk insert 语句的功能是以用户指定的格式复制一个数据文件至数据库表或视图。

方法一：以可视化方式添加固定服务器角色的成员，主要步骤如下。

第 1 步：以系统管理员身份登录到 SQL Server 服务器，在"对象资源管理器"中展开"安全性"→"登录名"→选择登录名，双击或单击右键，在弹出的快捷菜单中选择"属性"菜单项，打开"登录属性"窗口。

第 2 步：在打开的"登录属性"窗口中选择"服务器角色"选项页。如图 13-26 所示，在"登录属性"窗口右边列出了所有的固定服务器角色，用户可以根据需要，在"服务器角色"栏下的服务器角色前的复选框中打钩，来为登录名添加相应的服务器角色。单击"确定"按钮完成添加。

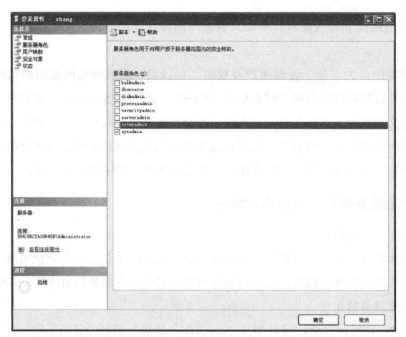

图 13-26　SQL Server 服务器角色设置窗口

　　方法二：以命令方式添加固定服务器角色的成员。

　　系统存储过程 sp_addsrvrolemember 可将一登录名添加到某一固定服务器角色中，使其成为固定服务器角色的成员，语法格式为：

　　sp_addsrvrolemember　'登录名', '固定服务器角色名'

　　【例 29】将用户 zhang 添加到 sysadmin 固定服务器角色中。

　　exec sp_addsrvrolemember 'zhang', 'sysadmin'

　　说明：执行之后，用户 zhang 便拥有了 sysadmin 即管理员的权限。

　　利用系统存储过程删除固定服务器角色成员，语法格式为：

　　sp_dropsrvrolemember　'登录名', '服务器角色名'

　　服务器角色名默认值为 NULL，必须是有效的角色名。

　　【说明】

　　● 不能删除 sa 登录名。

　　● 不能从用户定义的事务内执行 sp_dropsrvrolemember。

　　● sysadmin 固定服务器角色的成员执行 sp_dropsrvrolemember，可删除任意固定服务器角色中的登录名，其他固定服务器角色的成员只可以删除相同固定服务器角色中的其他成员。

　　【例 30】从 sysadmin 固定服务器角色中删除 SQL Server 登录名 zhang。

　　exec sp_dropsrvrolemember 'zhang', 'sysadmin'

说明：执行后 zhang 便没有了相关权限。

（2）数据库角色

db_owner：数据库所有者，这个数据库角色的成员可执行数据库的所有管理操作。用户发出的所有 SQL 语句均受限于该用户具有的权限。例如，create database 仅限于 sysadmin 和 dbcreator 固定服务器角色的成员使用。

sysadmin 固定服务器角色的成员、db_owner 固定数据库角色的成员以及数据库对象的所有者都可授予、拒绝或废除某个用户或某个角色的权限。使用 grant 赋予执行 T-SQL 语句或对数据进行操作的权限；使用 deny 拒绝权限，并防止指定的用户、组或角色从组和角色成员的关系中继承权限；使用 revoke 取消以前授予或拒绝的权限。

db_accessadmin：数据库访问权限管理者，具有添加、删除数据库使用者、数据库角色和组的权限。

db_securityadmin：数据库安全管理员，可管理数据库中的权限，如表的增加、删除、修改和查询等存取权限。

db_ddladmin：数据库 DDL 管理员，可增加、修改或删除数据库对象。

db_backupoperator：数据库备份操作员，有执行数据库备份的权限。

db_datareader：数据库数据读取者。

db_datawriter：数据库数据写入者，具有对表进行增加、删修、修改的权限。

db_denydatareader：数据库拒绝数据读取者，不能读取数据库中任何表的内容。

db_denydatawriter：数据库拒绝数据写入者，不能对任何表进行增加、删修、修改操作。

public：是一个特殊的数据库角色，每个数据库用户都是 public 角色的成员，因此不能将用户、组或角色指派为 public 角色的成员，也不能删除 public 角色的成员。通常将一些公共的权限赋给 public 角色。

方法一：以可视化方式添加固定数据库角色的成员，步骤如下。

第 1 步：以系统管理员身份登录到 SQL Server 服务器，在"对象资源管理器"中展开"数据库"→"学生成绩"→"安全性"→"用户"→选择一个数据库用户，双击或单击右键，在弹出的快捷菜单中选择"属性"菜单项，打开"数据库用户"窗口。

第 2 步：在打开的窗口中，在"常规"选项页的"数据库角色成员身份"栏中，用户可以根据需要，在数据库角色前的复选框中打钩，来为数据库用户添加相应的数据库角色，如图 13-27 所示。单击"确定"按钮完成添加。

方法二：以命令方式添加固定数据库角色的成员。使用系统存储过程添加固定数据库角色成员。利用系统存储过程 sp_addrolemember 可以将一个数据库用户添加到某一固定数据库角色中，使其成为该固定数据库角色的成员。

图 13-27　添加固定数据库角色的成员

语法格式：

sp_addrolemember　'数据库角色', 'security_account'

说明：security_account 是添加到该角色的安全账户，可以是数据库用户或当前数据库角色。

【例 31】将学生成绩数据库上的数据库用户 zhang（假设已经创建）添加为固定数据库角色 db_owner 的成员。

exec sp_addrolemember 'db_owner', 'zhang'

使用系统存储过程删除固定数据库角色成员，语法格式为：

sp_droprolemember '服务器角色', 'security_account'

【例 32】将数据库用户 zhang 从 db_owner 中去除。

exec sp_droprolemember 'db_owner', 'zhang'

（3）用户自定义数据库角色

用户自定义的角色也属于数据库一级的角色。用户可以根据实际情况定义自己的一系列角色，并给每个角色授予合适的权限，对角色的权限管理和数据库角色相同。有了角色，就不用直接管理每个数据库具体的用户的权限，而只需将数据库用户放置到合适的角色中即可。当权限发生变化时，只要更改角色的权限即可，而无须更改角色中的成员的权限。只要权限没有被拒绝过，角色中的成员的权限便是角色的权限加上它们自己所具有的权限。如果某个权限在角色中是拒绝的，则角色中的成员就不能再拥有此权限，即使为此成员授予了此权限。

208

●方法一：以可视化方式使用用户自定义数据库角色，主要步骤如下。

第1步：创建数据库角色。

以系统管理员身份登录SQL Server→在"对象资源管理器"中展开"数据库"→选择要创建角色的数据库（如学生成绩），展开其中的"安全性"→"角色"，右击鼠标，在弹出的快捷菜单中选择"新建"菜单项→在弹出的子菜单中选择"新建数据库角色"菜单项，如图13-28所示。进入"数据库角色-新建"窗口。

图 13-28　新建数据库角色

第2步：将数据库用户加入数据库角色。

当数据库用户成为某一数据库角色的成员之后，该数据库用户就获得该数据库角色所拥有的对数据库操作的权限。

将用户加入自定义数据库角色的方法与前面介绍的将用户加入固定数据库角色的方法类似，这里不再重复。如图13-29所示的是将用户zhang加入ROLE1角色。

图 13-29　添加数据库角色

● 方法二：以命令方式使用用户自定义数据库角色。

用户角色的创建，可利用存储过程来实现，语法格式为：

```
sp_addrole  '新角色名', '该角色所有者'
```

或

```
create role  角色名 [authorization  所有者]
```

【例 33】在当前数据库中创建名为 role2 的新角色，并指定 dbo 为该角色的所有者。

```
create role role2 authorization dbo
```

给数据库角色添加成员，向用户定义数据库角色添加成员也可以使用存储过程 sp_addrolemember。

【例 34】使用 Windows 身份验证模式的登录名，创建学生成绩数据库的用户 du，并将该数据库用户添加到 role1 数据库角色中。

```
create user   [0bd7e57c949a420\du]
     from login [0bd7e57c949a420\du]
exec sp_addrolemember 'role1',  '0bd7e57c949a420\du'
```

【例 35】将 SQL Server 登录名创建的学生成绩的数据库用户 wang（假设已经创建）添加到数据库角色 role1 中。

```
exec sp_addrolemember 'role1',  'wang'
```

【例 36】将数据库角色 role2（假设已经创建）添加到 role1 中。

```
exec sp_addrolemember 'role1',  'role2'
```

将一个成员从数据库角色中去除也可以使用系统存储过程 sp_droprolemember，之前已经介绍过。

通过 SQL 命令删除数据库角色的语法格式为：

```
drop role  数据库角色名
```

说明：用 SQL 命令给角色授权的语句和给数据库用户授权的命令一致（grant，revoke，deny）。

【例 37】删除数据库角色 role2。

```
drop role role2
```

实训

一、现有两个关系模式，请用 SQL 的 grant 和 revoke 语句（加上视图机制），完成以下功能：

职工（职工号，姓名，年龄，职务，工资，部门号）

部门（部门号，名称，经理名，地址，电话）

1．将修改表结构的权限授予 user1，user2。

2．将查询和删除两个表记录的权限授予 user1，并且 user1 可以把权限授予其他人。

3．使所有的用户能够在部门表中插入数据，并能更新"工资"字段。

4．使 user2 能够查询职工的最高工资、最低工资和平均工资。

5．收回 user1 对部门表的所有权限（读、插、改、删数据）。

二、思考：假设存款余额 x=1000 元，事务甲取走存款 300 元，事务乙取走存款 200元，其执行时间如下，如何实现这两个事务的并行控制？

事务甲	事务乙
读 x	
	读 x
更新 x=x-300	
	更新 x=x-200

三、用 SQL 语句实现以下备份和恢复的题目要求。

1．创建一个命名的备份设备 cpbak，并将数据库 YGGL 完全备份到该设备。

2．创建一个备份设备 test，并备份 YGGL 数据库的事物日志。

3．将 YGGL 数据库使用差异备份方法备份到 cpbak 中。

4．恢复整个数据库 YGGL。

5．使用事物日志恢复数据库 YGGL。

四、在员工管理数据库中实现数据库的安全性管理。

1．使用 T-SQL 语句创建 Windows 身份模式的登录名 w_user。

2．使用 T-SQL 语句创建 SQL Server 登录名 sql_user。

3．使用 T-SQL 语句创建 YGGL 数据库用户 myuser（登录名为 sql_user）。

4．使用 T-SQL 语句将 sql_user 用户添加到固定数据库角色 db_owner 中。

5．使用 T-SQL 语句创建自定义数据库角色 myrole

6．使用 T-SQL 语句授予用户 myuser 在 YGGL 数据库上的 create table 权限。

7．使用 T-SQL 语句授予用户 myuser 在 YGGL 数据库上 Salary 表中的 select 权限。

8．使用 T-SQL 语句拒绝用户 myuser 在 Departments 表上的 delete 和 update 权限。

9．使用 T-SQL 语句撤销用户 myuser 在 Salary 表上的 select 权限。

任务 14 完整性管理

知识目标：

➢ 了解数据库的完整性约束条件及完整性控制方法；

➢ 熟悉 SQL Server 的完整性实现方法；

➢ 了解事务和并发控制。

能力目标：

➢ 能够保证数据的域完整性；

➢ 能够保证数据的实体完整性；

➢ 能够保证数据的参照完整性；

➢ 能够进行简单的并发控制。

数据库结构：

➢ 学生（学号，姓名，性别，年龄，所在系，总学分）

➢ 课程（课程号，课程名，学分，先行课）

➢ 选课（学号，课程号，成绩）

 第一节　数据库的完整性

一、完整性控制机制

1．作用

数据的完整性和安全性是数据库保护的两个不同的方面。安全性是防止用户非法使用数据库，完整性是防止合法用户使用数据库时向数据库中加入不合语义的数据。也就是说，安全性措施的防范对象是非法用户和非法操作，完整性措施的防范对象是不合语义的数据。从数据库的安全保护角度来讲，完整性和安全性是密切相关的。

数据库的完整性的基本含义是指数据库中数据的正确性、有效性和相容性，其主要目的是防止错误的数据进入数据库。正确性指数据库中的数据本身是正确的。例如：学生的年龄必须是整数，取值范围大于 6，性别只能是男、女。相容性指数据之间的关系是正确的。例如：学号必须唯一，学生所选的课必须是已经开设的课等。

为维护数据库的完整性，分以下两步进行。

首先，在定义模式时就要定义好加在数据之上的语义约束条件（数据的要求），这种语义约束条件称为数据库完整性约束条件，它们作为模式的一部分存入数据库中。

其次，用户对数据库进行日常操作时，DBMS 能自动根据完整性约束条件来判断这些操作是否满足完整性条件，称为完整性检查。

数据库系统是对现实的模拟，现实中存在各种各样的规章制度，以保证事情正常、有序地运行。许多规章制度可转化为对数据的约束。例如，单位人事制度中对职工的退休年龄会有规定，也可能一个部门的主管不能在其他部门任职、职工工资只能涨不能降等。对数据库中的数据设置某些约束机制，这些添加在数据上的语义约束条件称为数据库完整性约束条件，简称"数据库的完整性"，系统将其作为模式的一部分"定义"于 DBMS 中。DBMS 必须提供一种机制来检查数据库中数据的完整性，看其是否满足语义规定的条件，这种机制称为"完整性检查"。为此，数据库管理系统的完整性控制机制应具有三个方面的功能，来防止合法用户在使用数据库时，向数据库注入不合法或不合语义的数据。

● 定义功能，提供定义完整性约束条件的机制。

● 验证功能，检查用户发出的操作请求是否违背了完整性约束条件。

● 处理功能，如果发现用户的操作请求使数据违背了完整性约束条件，则采取一定的动作来保证数据的完整性。

2. 分类

数据完整性检查是围绕完整性约束条件进行的，因此完整性约束条件是完整性控制机制的核心。数据库完整性约束分为两种：静态完整性约束和动态完整性约束。完整性约束条件涉及三类作用对象，即属性级、元组级和关系级。这三类对象的状态可以是静态的，也可以是动态的。结合这两种状态，一般将这些约束条件分为静态属性级约束、静态元组级约束、静态关系级约束、动态属性级约束、动态元组级约束、动态关系级约束等 6 种约束。

（1）静态完整性约束

静态完整性约束，简称静态约束，是指数据库每一确定状态时的数据对象所应满足的约束条件，它是反映数据库状态合理性的约束，是最重要的一类完整性约束，也称"状态约束"。

在某一时刻，数据库中的所有数据实例构成了数据库的一个状态，数据库的任何一个状态都必须满足静态约束。每当数据库被修改时，DBMS 都要进行静态约束的检查，以保证静态约束始终被满足。

静态约束又分为 3 种类型：隐式约束、固有约束和显式约束。

● 隐式约束。隐式约束是指隐含于数据模型中的完整性约束，由数据模型上的完整性约束完成约束的定义和验证。隐式约束一般由数据库的数据定义语言（DDL）语句说明，并存于数据目录中。例如实体完整性约束、参照完整性约束和用户自定义完整性约束。

● 固有约束。固有约束是指数据模型固有的约束。例如，关系的属性是原子的，满足第一范式的约束。固有约束在 DBMS 实现时已经考虑，不必特别说明。

● 显式约束。隐式约束和固有约束是最基本的约束，但概括不了所有的约束。数据完整性约束是多种多样的，且依赖于数据的语义和应用，需要根据应用需求显式地定义或说明，这种约束称为数据库完整性的"显式约束"。

隐式约束、固有约束和显式约束这三种静态约束作用于关系数据模型中的属性、元组、关系，相应有静态属性级约束、静态元组级约束和静态关系级约束。

①静态属性级约束。静态属性级约束是对属性值域的说明，是最常用也是最容易实现的一类完整性约束，包括以下几个方面。

● 列的数据类型，包括类型、长度、精度等。如姓名的类型是字符串，长度为 10，年龄的类型是整型。

● 列的数据格式。如日期格式、电子邮件格式、身份证号格式、值的范围。

● 如考试成绩的范围在 0~100 之间，性别的范围是男、女。

● 空值约束。如学号不能为空值，成绩可以为空值。定义为主属性的列自动不能为空值。其他列也可以规定是不是允许为空，如年龄。

②静态元组级约束。规定一个元组中各个列之间的约束关系。例如，一个订货关系有发货量和订货量等列，可以规定发货量不得超过订货量。又例如职工的应发工资=总收入−总支出。

③静态关系级约束。静态关系级约束是一个关系中各个元组之间或者若干个关系之间常常存在的各种联系的约束。常见的静态关系级约束有以下几种。

● 实体完整性约束。

● 参照完整性约束。实体完整性约束和参照完整性约束是关系模型的两个极其重要的约束，称为关系的两个不变性。

● 函数依赖约束。大部分函数依赖约束都在关系模式中定义。一般情况下，函数依赖关系都隐含在关系模式中，如定义了主键后，对主键值的唯一性要求，自然就确定了函数依赖的关系。但有时为了使信息不过于分离，常常不过分追求规范化，在这种情况下，另外的函数依赖关系需要显式地表示出来。如 A〈〉B，就要求 A 永远不能与 B 相同。

● 统计依赖约束。统计依赖约束指的是字段值与关系中多个元组的统计值之间的约束关系，如规定总经理的工资不得高于职工的平均工资的 4 倍，不得低于本部门职工平均工资的 3 倍，其中，本部门职工的平均工资是一个统计值。

（2）动态完整性约束

动态完整性约束，简称动态约束，不是对数据库状态的约束，而是指数据库从一个正确状态向另一个正确状态的转化过程中新、旧值之间所应满足的约束条件，反映数据库状态变化的约束，也称"变迁约束"。例如在更新职工表时，工资、工龄这些属性值一般只会增加，不会减少，该约束表示任何修改工资、工龄的操作只有新值大于旧值时才被接受，该约束既不作用于修改前的状态，也不作用于修改后的状态，而是规定了状态变迁时必须遵循的约束。动态约束一般也是显式说明的。

动态约束作用于关系数据模型的属性、元组、关系，相应有动态属性级约束、动态元组级约束和动态关系级约束。

①动态属性级约束。动态属性级约束是修改定义或属性值时应该满足的约束条件。其中包括修改定义时的约束和修改属性值时的约束。

● 修改定义时的约束。例如，将原来允许空值的属性修改为不允许空值时，如果该属性当前已经存在空值，则规定拒绝修改。

● 修改属性值时的约束。修改属性值有时需要参考该属性的旧值，并且新值和旧值之间需要满足某种约束条件。例如，职工工资调整不得低于其原有工资，学生年龄只能增长等。

②动态元组级约束。动态元组约束是指修改某个元组的值时要参照该元组的旧值，并且新值和旧值间应当满足某种约束条件。例如，职工工资调整不得低于其原有工资＋工龄×1.5 等。

③动态关系级约束。动态关系级约束就是加在关系变化前后状态上的限制条件。例如，事务的一致性、原子性等约束。动态关系级约束实现起来开销较大。如产品销售，销售表中增加一条销售记录，同时要修改库存表中该商品的记录。

3. 功能

DBMS 的完整性控制机制应具备定义功能、检查功能、控制功能。

（1）定义功能：DBMS 提供定义完整性约束条件的机制。

（2）检查功能：DBMS 检查用户操作是否违背了完整性约束条件。检查功能分两种情况：一是对用户的操作立即进行完整性检查，这类约束称为立即执行的约束；另一类不是对每一条操作进行检查，而是对一组操作后进行检查（如事务），这类约束称为延迟执行的约束。如银行从账号 A 转一笔钱到账号 B，必须等两个操作都执行后才检查完整性。

（3）控制功能：当发现用户操作违背完整性约束条件时，DBMS 应采取什么措施。比较常见的措施是拒绝执行，但也可以采取其他方法。

一条完整性规则可以用一个五元组（D，O，A，C，P）来表示。

D：数据对象；

O：对数据对象的操作；

A：约束条件；

C：元组条件；

P：违反完整性约束时触发的过程（事件）。

完整性约束可以这样表达：当用户对满足 C 的数据 D 进行 O 操作时，应遵从约束条件 A，否则 DBMS 将采取 P 措施。

【例 1】用五元组表示学号不能为空。

D：SNO 属性；

O：当用户插入或修改时触发完整性检查；

A：SNO 不能为空；

C：无（即所有元组）；

P：拒绝执行。

4. 注意事项

（1）外码能否为空

例如：职工表中的部门号是外码，职工表中的部门号可以为空，表明该职工没有分配部门。选课表中的学号和课程号则不能为空，因为选课记录必须要指明谁选什么课。所以，当外码是主属性时则不能为空。

（2）删除被参照关系中的元组时的问题

● 级联删除。将参照表中所有外码值与被参照表中要删除的元组主码值相同的元组一起删除。如将某学生删除时，将选课表中相应的记录也删除。

● 受限删除。仅当参照表中没有任何元组的外码值与被参照表中要删除的元组主码值相同时，系统才执行删除操作，否则拒绝。如只有选课表中无记录的学生才可从学生表中删除。

● 置空值删除。删除被参照表的元组，并将参照表中相应元组的外码值置空值。

（3）在参照关系中插入元组时的问题

当向参照表中插入某个元组，而被参照表中不存在主码与参照表外码相等的元组时，有以下两种方法。

● 受限插入。仅当被参照表中存在相应的元组，其主码值与参照表中要插入的元组的外码值相同时，系统才执行删除插入操作，否则拒绝。如只有在学生表中存在该学生，才能在选课表中插入该学生的选课记录。

● 递归插入。首先在被参照表中插入相应的元组，其主码值等于参照表中要插入的元组的外码值，然后向参照表中插入元组。例如，先在学生表中插入该学生，然后再插入该学生的选课记录。

（4）修改被参照关系中的元组时的问题

当修改被参照表的某个元组，而参照表中存在若干元组，其外码值与被参照表要修改

216

的元组的主码值相等时，有以下三种方法来进行处理。

● 级联修改。如果要修改被参照表中的某个元组的主码值，则参照表中相应的外码值也作相应的修改。

● 受限修改。如果参照表中有外码值与被参照表中要修改的主码值相同的元组，则拒绝修改。

● 置空值修改。修改被参照表的元组，并将参照表中相应元组的外码值置空值。

二、SQL Server 的数据库完整性管理

数据库完整性可以理解为数据库中数据在逻辑上的一致性、正确性、有效性和相容性，涉及实体完整性、域的完整性、参照完整性如图 14-1 所示。前面介绍了完整性控制的一般方法，不同的数据库产品对完整性的支持策略和支持程度不同，在实际的数据库应用开发时，一定要查阅所用的数据库管理系统在关于数据库完整性方面的支持情况。本书主要介绍 SQL Server 的完整性控制策略，如表 14-1 所列。

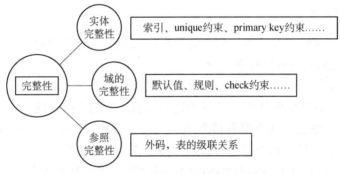

图 14-1 SQL Server 的数据库完整性

表 14-1 SQL Server 对数据库完整性的支持情况

完整性约束		定义方式		SQL Server 支持情况
静态约束	固有约束	数据模型固有		属性原子性
	隐式约束	数据库定义语言（DDL）	表本身的完整性约束	实体完整性约束、唯一约束、check 约束、非空约束、默认约束
			表间的约束	参照完整性约束、触发器
	显式约束	过程化定义		存储过程、函数
		断言		不支持
		触发器		支持
动态约束		过程化定义		存储过程、函数
		触发器		支持

第二节　实体完整性

实体完整性又称为行完整性，要求表中有一个主键，其值不能为空且能唯一地标识对应的记录。索引、unique、primary key 可实现数据的实体完整性。

一、索引

索引是根据表中一列或若干列按照一定顺序建立的列值与每条记录之间的对应关系，可以分为两类——聚集索引和非聚集索引。

聚集索引：聚集索引将数据行的键值在表内排序并存储对应的数据记录，使得数据表物理顺序与索引顺序一致。按聚集索引键在表内排序，每表只有一个。

非聚集索引：每表可以有多个。

微课：索引

1. 索引的作用

索引提供指向存储在表的指定列中的数据值的指针，然后根据指定的排序顺序对这些指针进行排序。

索引作用主要有：通过创建唯一索引，可以保证数据记录的唯一性；可以大大加快数据检索速度；可以加速表与表之间的连接，这一点在实现数据的参照完整性方面有特别的意义；在使用 order by 和 group by 子句中进行检索数据时，可以显著减少查询中分组和排序的时间；使用索引可以在检索数据的过程中使用优化隐藏器，提高系统性能。

操作演示：可视化方式创建索引

2. 建立索引

基本语法格式：

```
create    [ unique ]                        /*是否为唯一索引*/
[ clustered | nonclustered ]                /*索引的组织方式*/
index   索引名                              /*索引名称*/
on
{表 |视图 } （列名 [ asc | desc ] [ ，…n ] ）}  /*索引定义的依据*/
```

【参数说明】

unique：用于指定为表创建唯一索引，即不允许存在索引值相同的两行。

clustered：用于指定创建的索引为聚集索引。

asc 表示升序，desc 表示降序，默认为 asc。

【例 2】为课程表的"课程名"列创建索引。

微课录屏：SQL 方式创建索引

```
create index   kc_name_ind on 课程（课程名）
```

【例3】根据课程表的"课程号"列创建唯一聚集索引，因为指定了 clustered，所以该索引将对磁盘上的数据进行物理排序。

```
create unique clustered index kc_id_ind   on   课程表 （课程号）
```

【例4】根据选课表的"学号"列和"课程号"列创建复合索引。

```
create index cjb_ind on 选课表（学号，课程号）
```

【例5】根据课程表的"课程号"列创建唯一聚集索引，因为指定了 clustered 子句，所以该索引将对磁盘上的数据进行物理排序，使用唯一聚集索引。

```
create unique clustered index kcb_id_ind on 课程 （课程号）
```

3．删除索引

基本语法格式：

```
drop   index   '表名.索引名 | 视图名.索引名'
```

【例6】删除 pxscj 数据库中学生表的一个索引名为 au_id_ind 的索引。

```
drop index 学生 .au_id_ind
```

说明：删除索引的时候索引名前一定要加表名。因为在不同的表中可以建立名称相同的索引。但是在同一张表中，不能建立同名的索引。

二、primary key 约束

机会1：创建表的时候创建 primary key 约束。
机会2：通过修改表实现 primary key 约束。

微课：实体完整性

操作演示：修改表的方式增加、删除主键

【例7】以修改表的方式为学生添加主键约束 pk1。创建学生表的代码可参考【例9】。

```
alter table 学生
add constraint pk1   primary key （学号）
```

结果如图 14-2 所示。

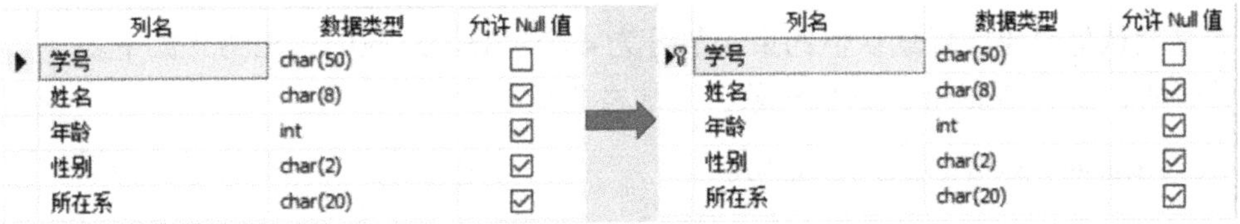

图 14-2　添加主键约束

【例8】以修改表的方式删除学生的主键约束 pk1。

```
alter table 学生 2
drop constraint pk1
```

此外，还可以用可视化操作的方式实现。

 第三节 域的完整性

域的完整性又称为列完整性，指给定列输入的有效性。首先可以约束列的类型（数据类型、长度），其次，可以约束列的取值范围（通过 check、default、not null、规则等实现）。

微课：域的完整性　操作演示：使用默认值对象

一、默认值约束

机会 1：创建表的时候实现（略）。

机会 2：通过修改表实现。

机会 3：在任何需要用到的时候，通过定义默认值对象实现。

【例 9】创建表的时候实现默认值约束。

```
create table 学生 2
（学号 char（6）primary key,
性别 char（2）not null,
专业 char（12）,
总学分 intdefault 0,
备注 varchar（50）,
入学日期 datetime unique,
constraint c1 check（xb='男' or xb='女'）
）
```

【例 10】通过修改学生表 2，增加新列"曾用名"，并实现默认值"无"。

```
alter table 学生 2
add 曾用名 char（8）
constraint df1 default '无'
```

【例 11】通过修改学生表 2，删除默认值约束 df1。

```
alter table 学生 2
drop constraint df1
```

通过默认值对象实现默认值约束一般分为 4 个步骤，对应的语法格式如下。

第一步：定义 default 默认值对象，语法格式如下。

```
create default 默认值对象名 as 表达式
```

第二步：绑定 default 默认值对象，语法格式如下。

```
sp_bindefault '默认值对象', '表名.列名'
```

第三步：解除绑定关系，语法格式如下。

```
sp_unbindefault '表名.列名', '默认值对象'
```

第四步：删除默认值对象，语法格式如下。

```
drop default  默认值对象
```

【例 12】通过定义默认值对象实现，为学生 2 实现年龄默认值 20。

第一步：定义默认值对象。

```
create default df2 as 20
```

第二步：绑定到指定列。

```
exec sp_bindefault   'df2', '学生 2.年龄'
```

第三步：解除绑定。

```
exec sp_unbindefault   '学生 2.年龄', 'df2'
```

第四步：删除默认值对象。

```
drop default df2
```

思考：一个列上是否可以绑定多个默认值对象？如果可以，哪个会起作用？

【例 13】通过创建默认值对象并绑定到列的方式实现选课表的成绩默认值为 60。

```
create default df3 as 60
create default df4 as 70
exec sp_bindefault   'df3', '选课.成绩'
exec sp_bindefault   'df4', '选课.成绩'   --可以绑定多个默认值对象
exec sp_unbindefault '选课.成绩'   --解除这列上所有的默认值对象
 drop default df3， df4
```

二、check 约束

机会 1：创建表的时候实现（略）。

机会 2：通过修改表实现。

机会 3：在任何需要用到的时候，通过定义规则对象实现。

【例 14】修改选课表，增加"成绩"字段的 check 约束。

操作演示：使用规
则对象

```
alter table  选课
add constraint ck1 check（成绩>=0 and 成绩<=100）
```

【例 15】修改选课表，删除"成绩"字段的 check 约束。

```
alter table  选课
drop constraint ck1
```

通过规则对象实现，一般需要 4 个步骤。

第一步：创建规则对象，语法格式如下。

```
create  rule   规则名 as   表达式
```

第二步：将规则对象绑定到列，语法格式如下。

sp_bindrule '规则对象', '表名.列名'

第三步：解除绑定，语法格式如下。

sp_unbindrule '表名.列名', '规则对象'

第四步：删除规则对象，语法格式如下。

drop rule 规则对象

【例 16】使用规则对象，实现约束成绩的输入范围为 0 至 100。

（1）定义规则对象。

create rule r1 as   （@a between 0 and 100）

（2）绑定到指定列。

exec sp_bindrule 'r1', '选课.成绩'

（3）解除绑定。

exec sp_unbindrule '选课.成绩', 'r1'

（4）删除规则对象。

drop rule r1

思考：一个列上是否可以绑定多个规则对象，如果可以，哪一个会起作用？

【例 17】给课程表的"学分"定义两个规则，rr1（1～6），rr2（2～8），把这两个规则都进行绑定，并输入数据检测。

```
create rule rr1 as    （@a between 1 and 6）
create rule rr2 as    （@a between 2 and 8）
exec sp_bindrule  'rr1', '课程.学分'
exec sp_bindrule  'rr2', '课程.学分'   --可以绑定多个规则对象
exec sp_unbindrule '课程.学分'             --解除这列的所有规则对象
drop rule rr1，rr2
```

此外，规则对象还可以通过可视化操作的方式实现。

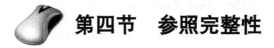

第四节　参照完整性

参照完整性又称为引用完整性，要求有一个外键，外码所在表是参照表，主码所在表是被参照表。需要注意的是，从表不能引用不存在的键值。如果主表中的键值更改了，那么在整个数据库中，对从表中键值的所有引用要进行一致的更改。如果主表中没有关联的记录，则不能将记录添加到从表。参照关系如图 14-3 所示。

微课：参照完整性

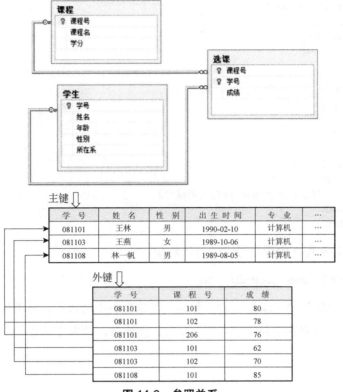

学　号	姓　名	性　别	出 生 时 间	专　业	…
081101	王林	男	1990-02-10	计算机	…
081103	王燕	女	1989-10-06	计算机	…
081108	林一帆	男	1989-08-05	计算机	…

外键

学　号	课 程 号	成　绩
081101	101	80
081101	102	78
081101	206	76
081103	101	62
081103	102	70
081108	101	85

图 14-3　参照关系

机会 1：创建表的时候实现。

机会 2：通过修改表实现参照关系。

增加外键约束的语法格式：

```
alter table  表名
add constraint  约束名   foreign key （列名 ）
references  表名 （列名 ）<可以采取的动作>
```

<可以采取的动作>有：

```
[ on delete { no action | cascade | set null | set default } ]
[ on update { no action | cascade | set null | set default } ]
```

当删除或更新父表中的参照列时，<可以采取的动作>可以为以下几种。

cascade：自动删除或更新子表中匹配的行。

no action：不允许删除或更新父表中的参照列。

set null：设置子表中与之对应的外键列值为 null。

set default：设置子表中与之对应的外键列值为默认值。

操作演示：表的
级联

【例 18】创建一个课程 2 表，表结构和课程表一致，并把课程表中
的数据导入课程 2 表，然后设置课程 2 表（从表）和课程表（主表）之间的级联关系。

创建表：

```
create table  课程 2
```

```
（课程号 char（5）primary key,
    课程名 char（20）,
    先行课 char（5）)
```

插入数据：

```
insert into 课程 2
select * from 课程
```

实现级联关系：

```
alter table 课程 2
add constraint fk1
foreign key （课程号）references 课程（课程号）
on update cascade
on delete cascade
```

【例 19】删除课程 2 中课程号上的外码约束。

```
alter table 课程 2   drop   constraint   fk1
```

思考：下列代码创建了学生 3 表，并导入了学生表中的数据。要求为学生 3 表添加一个外码（学号），要求学生表中学号发生修改、删除时，学生 3 表中的对应学号也同时修改、删除。

创建表：

```
create table 学生 3
（学号 char（6）primary key,
    姓名 char（8）,
    年龄 int ）   --创建表
```

插入数据：

```
insert into 学生 3
select 学号，姓名，年龄 from 学生   --插入数据
```

实现级联：

```
alter table 学生 3
add constraint fk2 foreign key （学号）references 学生（学号）
on update cascade
on delete cascade
```

 # 第五节　数据库的并发控制

一、事务

1. 事务的基本概念

定义：事务是用户定义的一个数据库操作序列，这些操作要么全做，要么全不做，是

一个不可分割的工作单位。一个逻辑工作单元要成为事务，必须满足事务的 ACID（原子性、一致性、隔离性和持久性）属性。

原子性（Atomicity）：事务是数据库操作的逻辑工作单位。就操作而言，事务中的操作是一个整体，不能再被分割，要么全部成功执行，要么全部不成功执行。

一致性（Consistency）：事务一致性是指事务执行前后都能够保持数据库状态的一致性，即事务的执行结果是将数据库从一个一致性状态变到另一个一致性状态。

隔离性（Isolation）：隔离性是指多个事务在执行时不互相干扰。事务具有隔离性意味着一个事务的内部操作及其使用的数据库，对其他事务是不透明的，其他事务不会干扰这些操作和数据。

持续性（Durability）：指事务一旦提交，则其对数据库中数据的改变就应该是永久的，即使是出现系统故障等问题。

事务开始后，事务所有的操作都陆续写到事务日志中。这些任务操作在事务日志中会记录一个标志，用于表示执行了这种操作，当取消这种事务时，系统自动执行这种操作的反操作，保证系统的一致性。系统自动生成一个检查点机制，这个检查点会周期地发生。检查点的周期是系统根据用户定义的时间间隔和系统活动的频度由系统自动计算出来的时间间隔。检查点周期地检查事务日志，如果在事务日志中，事务全部完成，那么检查点将事务提交到数据库中，并且在事务日志中做一个检查点提交标记。如果在事务日志中，事务没有完成，那么检查点将事务日志中的事务不提交到数据库中，并且在事务日志中做一个检查点未提交标记。

事务在运行过程中可能会遭到破坏，事务特性可能遭到破坏的主要原因存在两种可能：一是多个事务并行运行时，不同事务的操作交叉执行；二是事务在运行过程中被强行停止。

2. SQL Server 中的事务

根据事务的设置、用途的不同，SQL Server 将事务分为两种类型：系统提供的事务和用户定义的事务，分别称为系统事务和用户定义事务。

（1）系统事务

系统事务是指在执行某些语句时，一条语句就是一个事务。但是要明确，一条语句的对象既可能是表中的一行数据，也可能是表中的多行数据，甚至是表中的全部数据。因此，只有一条语句构成的事务也可能包含了多行数据的处理。

系统提供的事务语句有：alter table、create、delete、drop、fetch、grant、insert、open、reboke、select、update、truncate table，这些语句本身就构成了一个事务。

【例 20】使用 create table 创建一个表。

```
create table 学生
    （学号  char（10），
        姓名  char（6），
        性别  char（2））
```

说明：这条语句本身就构成了一个事务。由于没有使用条件限制，那么这条语句所创建的是包含 3 个列的表。要么创建全部成功，要么全部失败。

（2）用户定义事务

在实际应用中，大多数的事务处理采用用户定义的事务来处理。在开发应用程序时，可以使用 begin transaction 语句来定义明确的用户定义的事务。在使用用户定义的事务时，必须注意事务要有明确的结束语句来结束。如果不使用明确的结束语句来结束，那么系统可能把从事务开始到用户关闭连接之间的全部操作都作为一个事务来对待。事务的明确结束可以使用以下两个语句中的一个：commit 语句和 rollback 语句。commit 语句是提交语句，将全部完成的语句明确地提交到数据库中。rollback 语句是取消语句，该语句将事务的操作全部取消，即表示事务操作失败。

还有一种特殊的用户定义的事务，这就是分布式事务。分布式事务是在一个服务器上的操作，所保证的数据完整性和一致性是指一个服务器上的完整性和一致性。但是，如果是在一个比较复杂的环境中，如可能有多台服务器，那么要保证在多台服务器环境中事务的完整性和一致性，就必须定义一个分布式事务。在这个分布式事务中，所有的操作都可以涉及对多个服务器的操作，当这些操作都成功时，那么所有这些操作都提交到相应服务器的数据库中，如果这些操作中有一个操作失败，那么这个分布式事务中的全部操作都将被取消。

根据运行模式，SQL Server 将事务分为四类：自动提交事务、显式事务、隐式事务和批处理级事务。

● 自动提交事务。自动提交事务是指每条单独的语句都是一个事务。

● 显式事务。显式事务指每个事务均以 begin transaction 语句显式开始，以 commit 或 rollback 语句显式结束。

● 隐式事务。隐式事务指在前一个事务完成时新事务隐式启动，但每个事务仍以 commit 或 rollback 语句显式完成。

● 批处理级事务。该事务只能应用于多个活动结果集，在活动结果集会话中启动的 T-SQL 显式或隐式事务变为批处理级事务。当批处理完成时，没有提交或回滚的批处理级事务自动由 SQL Server 语句集合分组后形成单个的逻辑工作单元。

3. 事务的控制

事务是一个数据库操作序列，该序列由若干个语句组成。利用已有的语句组成一个事务就涉及事务的启动和终止问题。

（1）启动事务

在 SQL Server 中，启动事务的方式有三种：显式启动、自动提交和隐式启动。

显式启动——显式启动是以 begin transaction 命令开始的，即当执行该语句时，SQL Server 将认为这是一个事务的起点。

自动提交——自动提交是指用户每发出一条 SQL 语句，SQL Server 会自动启动一个事务，语句执行完了以后，SQL Server 自动执行提交操作来提交该事务。

隐式启动——当将 implicit_transactions 设置为 on 时，表示将隐式事务模式设置为打开（命令是：set implicit_transactions on）。在隐式事务模式下，任何 DML 语句（delete、update、insert）都自动启动一个事务。隐式启动的事务通常称为隐性事务。

（2）终止事务

终止事务的方法有两种，一种是使用 commit 命令（提交操作），另一种是使用 rollback 命令（回滚操作）。两种方法的区别：当执行 commit 命令提交时，会将语句执行结果保存到数据库中，并终止事务；当执行 rollback 命令回滚时，数据库将返回到事务开始时的初始状态，并终止事务。

事务控制语句的使用方法如下：

```
begin tran                        /*A 组语句序列*/
save tran   save_point            /*B 组语句序列*/
if  @error<>0
        rollback   tran   save_point           /*仅回退 B 组语句序列*/
commit tran            /*提交 A 组语句，且若未回退 B 组语句则提交 B 组语句*/
```

回滚事务（Rollback Transaction）可以将显式事务或隐式事务回滚到事务的起点或事务内部的某个保存点。

【例 21】实现银行账号转账功能的事务。

```
begin transcation virement                      --事务开始
declare @ balance float，@x float;             --显式启动事务
set @x = 200;                                   --假设用户要取 200
select @balance=balance from usertable
where acount='20xxxxxxx1';                      --返回账号余额
if  (@balance < @x)
        return;                    --判断余额是否足够，余额不足则返回
else
        update usertable
        set balance=balance-@x
        where account='20xxxxxxx1';
                        --余额足够则取钱，并修改账户余额
commit transaction virement;     --提交事务，事务终止
```

【例 22】使用事务向表 book 中插入数据。

```
begin tran   tran_examp           --事务开始
insert into   book（book_id , book_name , publish_company）
values（'ep04_s006_01', 'vfp 程序设计', '南京大学出版社'）;
save tran   int_point;
insert into book（book_id , book_name , publish_company ）
values（'dep04_s006_02', 'vfp 实验指导书', '东南大学出版社'）;
insert into book（book_id , book_name）
values（'dep04_s006_03', 'vfp 课程设计指导书'）;
                        --分别向三张表中输入数据
if @@error<>0                     --判断是否插入成功
    rollback tran int_point;      --不成功则返回
commit tran tran_examp;           --提交事务，事务终止
```

二、并发控制

数据库是一个共享资源，可以供多个用户使用。这样就有可能会有几个用户同时操作数据库，也就有可能发生冲突。

数据库的并发控制是指控制数据库，防止多用户并发使用数据库时造成数据错误和程序运行错误，保证数据完整性。

DBMS 必须提供一种允许多个用户同时对数据库进行存取访问控制的机制，同时确保数据库的一致性和完整性，这就是并发控制。

1. 数据的几种不一致性

数据不完整会破坏事务的 ACID 特性，它是诱发并发错误的主要原因，主要有以下几种原因造成数据的不一致：丢失修改、读"脏"数据、不可重复读。

（1）丢失修改

一个事务对数据库的修改由于另一个事务的并发操作而丢失。比如在一个飞机订票系统中，甲乙售票员同时卖出同一航班的机票，如下所示：

甲售票员（事务 1）	乙售票员（事务 2）
读出机票余额	
A=16	
	读出机票余额
	A=16
更新	
A=A−1	
写回 A=15	
	更新
	A=A−3
	写回 A=13

原因：由于事务 2 提交的结果覆盖了事务 1 提交的结果，使事务 1 对数据库的修改丢失。

（2）读"脏"数据

事务 1 修改某一数据，事务 2 读取同一数据，而事务 1 由于某种原因被撤销，则事务 2 读到的数据则为"脏"数据，即不正确的数据，如下所示：

事务 1	事务 2
读 C=100	
C=C*2	
写回 C=200	
	读 C=200
rollback	

原因：事务 2 读取的 C 是无效数据，正确情况下 C 的值应是 100。

（3）不可重复读

事务前后两次从数据库读取同一数据，结果却不一样。例如：

事务 1	事务 2
读 A=50	
读 B=100	
求和=150	
	更新
	读 B=100
	B=B*3
	写回 B=300
读 A=50	
读 B=300	
求和=350	

原因：事务 1 因为事务 2 对数据 B 的修改导致同样的数据两次读出结果不一样。

出现以上问题的主要原因是没有保证事务的隔离性。并发控制通过正确的调度方法来控制并发操作，使一个用户事务的执行不受其他事务的干扰，从而避免造成数据的不一致性。

2. 基于事务隔离级别的并发控制

read uncommitted：该隔离级别允许读取已经被其他事务修改但尚未提交的数据，是隔离级别中限制最少的一种。

read commited：该隔离级别允许事务读取已提交的数据。

repeatable read：不能读取已由其他事务修改但尚未提交的数据。

serializablc：事务之间只能顺序执行。

snapshot：事务只能识别在其开始之前提交的数据修改，看不到在当前事务开始以后的其他事务的修改。

以上介绍的几种隔离级别的功能具体如表 14-2 所列。

表 14-2 隔离级别及其功能

隔离级别	脏写	脏读	不可重复读写
Read uncommitted	不可以	不可以	不可以
Read commited	可以	可以	不可以
Repeatable read	可以	可以	可以
Serializable	可以	可以	可以
Snapshot	可以	可以	可以

3. 基于锁的并发控制

（1）锁的概念

锁是指对数据源的锁定，在多用户同时使用时，对同个数据块的访问的一种机制。这种机制的实现是靠锁（Lock）来完成的。一个事务可以申请对一个资源进行加锁，一旦成功，则其他事务就要等该事务对此资源访问结束后才能访问此资源，目的是用于保证数据的一致性和完整性。锁按照功能来分可以分为以下两种。

排它锁（X 锁、写锁）：若事务 T 对数据对象 A 加 X 锁，则 T 可读写 A，其他事务既不能读取和修改 A，也不能对 A 加任何锁，直到 T 释放 A 上的 X 锁。

共享锁（S 锁、读锁）：若事务 T 对数据对象 A 加 S 锁，则 T 可读 A，其他事务可对 A 加 S 锁，但不能加 X 锁，直到 T 释放 A 上的 S 锁。

【注意】

● 事务要对数据对象进行写操作，必须先对数据对象加 X 锁，操作完后释放锁。

● 事务要对数据对象进行读操作，必须先对数据对象加 S 锁，操作完后释放锁。

● 事务 T1 在对数据对象 A 进行写操作时，事务 T2 对 A 既不能写，也不能读。

● 事务 T1 在对数据对象 A 进行读操作时，事务 T2 对 A 可以读，但不能写。

（2）封锁协议

在对数据对象加锁时，为了协调多个事务之间的关系，还需要约定一些规则。例如，何时申请 X 锁或 S 锁、持续时间、何时释放等。这些规则称为封锁协议。封锁协议分为三级，各级封锁协议对并发操作带来的丢失修改、不可重复读和读"脏"数据等数据不一致问题，可以在不同程度上予以解决。

（3）死锁及其预防

死锁：死锁就是两个进程都在等待对方持有的资源锁，要等对方释放持有的资源锁之后才能继续工作，它们互不相让，坚持到底，实际上，双方都要等到对方完成之后才能继续工作，而双方都完成不了。例如（死锁的案例）：

```
begin tran t_deadlock1              --事务 1 开始
declare @s varchar（10）
select * from table1 with （holdelock，tablock）where 1=2;
                                    --等待事务 2 释放资源
waitfor delay '00：005';            --延时
select * from talbe2；              --显示事务 2 的结果
commit tran t_deadlock1             --提交事务，事务结束

begin tran t_deadlock2              --事务 2 开始
declare @s varchar（10）
select * from table2 with （holdelock，tablock）where 1=2;
                                    --等待事务 2 释放资源
waitfor delay '00：005';            --延时
select * from talbe1；              --显示事务 1 的结果
commit tran t_deadlock2             --提交事务，事务结束
```

通过例题可以看出，双方都不放弃自己已有的资源，但又必须等对方放弃资源后才能继续工作，从而形成互相永远等待的情况，最终形成死锁。

SQL Server 本身提供了一种用于防止死锁的机制：SQL Server 锁监事器定期对线程进行死锁监测，如果监测到死锁，SQL Server 将终止死锁的一个线程，并回滚该线程的事务，从而释放资源，解除死锁。

SQL Server 能够自动探测和处理死锁，但应用程序应尽可能地避免死锁，需要遵循如下原则：一是从表中访问数据的顺序要一致，避免循环死锁；二是减少使用 holdlock 或使用可重复读与可序列化锁隔离级的查询，从而避免转换死锁；三是恰当选择事务隔离级别，选择低事务隔离级可以减少死锁。

实训

一、填空题

1．SQL Server 有两种安全认证模式，即_____安全认证模式和_____安全认证模式。

2．SQL Server 安装好以后，只有两个已经创建的用户：_____和 Bultin/Administrators，它们都是超级用户，对数据库拥有一切权限。

3．数据库的完整性是指数据的_____和_____。

4．按数据库状态，数据转储分为_____和_____。

5．按数据转储方式，数据转储分为_____和_____。

二、单项选择题

1．日志文件用于记录（　　　）。

A．程序运行过程　　　　　　　　　B．数据操作

C．程序运行结果　　　　　　　　　D．对数据的更新操作

2．SQL 的 commit 语句的主要作用是（　　　）。

A．终止程序　　　　B．中断程序　　　　C．事务提交　　　　D．事务回退

3．SQL 的 rollback 语句的主要作用是（　　　）。

A．终止程序　　　　B．中断程序　　　　C．事务提交　　　　D．事务回退

4．数据库系统中，对存取权限的定义称为（　　　）。

A．命令　　　　　　B．授权　　　　　　C．定义　　　　　　D．审计

5．两个事务 T1，T2，其并发操作如下所示，下面评价正确的是（　　　）。

T1	T2
读 A=10，B=5	
	读 A=10，
	A=A*2 写回
读 A=20，B=5	

A．该操作不存在问题　　　　　　　B．该操作丢失修改

C．该操作不能重复读　　　　　　　D．该操作读"脏"数据

6．设有两个事务 T1，T2，其并发操作如下所示，下面评价正确的是（　　）。

T1	T2
读 A=10	
	读 A=10
A=A-5 写回	
	A=A-8 写回

A．该操作不存在问题 　　　　　　　B．该操作丢失修改

C．该操作不能重复读 　　　　　　　D．该操作读"脏"数据

7．设有两个事务 T1，T2，其并发操作如下所示，下面评价正确的是（　　）。

T1	T2
读 A=10	
A=A*2 写回	
	读 A=20
ROLLBACK	
恢复 A=10	

A．该操作不存在问题 　　　　　　　B．该操作丢失修改

C．该操作不能重复读 　　　　　　　D．该操作读"脏"数据

8．若事务 T 对数据对象 A 加上 S 锁，则（　　）。

A．事务 T 可以读 A 和修改 A，其他事务只能再对 A 加 S 锁，而不能加 X 锁

B．事务 T 可以读 A 但不能修改 A，其他事务能对 A 加 S 锁和 X 锁

C．事务 T 可以读 A 但不能修改 A，其他事务只能再对 A 加 S 锁，而不能加 X 锁

D．事务 T 可以读 A 和修改 A，其他事务能对 A 加 S 锁和 X 锁

9．若事务 T 对数据对象 A 加上 X 锁，则（　　）。

A．事务 T 可以读 A 和修改 A，其他事务不能对 A 加 X 锁

B．事务 T 可以修改 A，其他事务不能对 A 加 X 锁

C．事务 T 可以读 A 和修改 A，其他事务都不能再对 A 加任何类型的锁

D．事务 T 可以修改 A，其他事务都不能再对 A 加任何类型的锁

10．数据库中的封锁机制是（　　）的主要方法。

A．安全性 　　　　　B．完整性 　　　　　C．并发控制 　　　　　D．恢复

11．对并发操作如果不加以控制，可能会带来数据的（　　）问题。

A．不安全 　　　　　B．死锁 　　　　　C．死机 　　　　　D．不一致

12．DB 的转储属于 DBS 的（　　）。

A．安全性措施 　　　　B．完整性措施 　　　　C．并发控制措施 　　　　D．恢复措施

13．以下关于 SQL Server 安全体系说法错误的是（　　）。

A．访问一个自定义数据库的前提条件是首先成为该数据库的用户

B．成为某数据库的用户之后就可以对数据库中的所有对象进行操作

C．系统管理员能够访问任何一个数据库

D．使用角色能够大大减少管理员设置权限的工作量

三、请复制以下代码并修改，目的是在创建图书表的时候完成：对"购买时间"列增加默认值约束，要求"购买时间"列默认为系统时间（getdate（）函数）；对"价格"增加 check 约束，要求价格在 2.00～50.00 元之间；对图书表增加实体完整性约束，建议建立在"图书编号"列上。

create table 图书

（图书编号 char（6），

图书名 varchar（20）not null,

购买时间 datetime,

价格 float）

四、员工管理数据库，名称是 YGGL，包含的三个表可参见图 7-1。

1．通过修改表（alter table 语句）的方式，把 Employees 表中的主键约束删除（提示：通过修改表查看）。

2．通过修改表（alter table 语句）的方式，把 Employees 表中的参照约束删除（提示：通过修改表，查看关系中有无参照约束）。

3．通过修改表（alter table 语句）把 Employees 表中的 departmentid 设为外码，参照的是 Departments 表中的 departmentid 列。

4．通过用 SQL 语句创建默认值对象 df_1 然后再绑定到列上的方式，对 Salary 表中的 income 实现默认值约束，默认值为 2000 元（请输入一条新的记录检验你所创建的默认值约束是否成功）。

5．通过修改表（alter table 语句）的方式对 Salary 表中的 outcome 实现 check 约束，约束名为"ck_1"，约束 outcome 的取值范围在 0 到 500 元之间（请输入一条新的记录检验你所创建的默认值约束是否成功）。

6．通过修改表（alter table 语句）的方式，删除 Salary 表中 outcome 列上的 check 约束 ck_1。

7．通过先创建规则对象 r_1 然后再绑定到列上的方式，对 Salary 表中的 outcome 实现 check 约束，约束 outcome 的取值范围在 0 到 500 元之间（请输入一条新的记录检验你所创建的默认值约束是否成功）。

8．请通过修改表（alter table 语句）的方式删除 Salary 表中已经存在的主键（如何找出已经存在的主键呢？）。

9．请通过修改表（alter table 语句）的方式为 Salary 表增加主键，约束名为 pk_1。

10．请用 check 约束保证 Salary 表中的 income 值大于 outcome 值，约束名为 ck_2。

11．创建一个规则对象 r_2，限制值在 0～20 之间，然后把它绑定到 Employees 表的

workyearr 字段上（提示：通过修改表，查看 workyearr 列的拼写是否正确）。

12．创建一个新表 Salary2，结构与 Salary 一致。所有 Salary2 上的 employeeid 列的值都要出现在 Salary 表中。要求利用参照完整性约束实现（约束名为 fk_1）：当删除和修改 Salary 表上的 employeeid 列时，Salary2 表中的 employeeid 列的值也会随之变化（请在 Salary 表上修改和删除一些数据，并查看 Salary2 中的数据发生了怎样的变化）。

任务 15 关系数据库理论

知识目标：

➢ 了解关系模式的定义以及关系模式的评价；

➢ 掌握函数依赖的概念；

➢ 掌握第 1NF、2NF、3NF、BCNF；

➢ 了解第 4NF、5NF 及多值依赖；

➢ 了解关系模式的分解算法。

能力目标：

➢ 能根据具体语境写出函数依赖；

➢ 能判断某个关系模式的范式级别；

➢ 能利用分解算法对关系模式进行规范化处理。

针对一个具体的数据库系统，开发人员要做两件事：创建数据库和编制应用程序，其中创建数据库是基础。对于关系数据库，创建数据库首先要确定数据库由哪些表组成，各表有什么属性，即设计关系模式。

 # 第一节 关系模式及其评价

一、关系模式

关系模式是对关系的描述，为了能够清楚地刻画出一个关系，它需要由 5 部分组成，即应该是一个 5 元组：R（U，D，Dom，F）。其中，R 为关系名，U 为组成该关系的属性名集合，D 为属性组 U 中各属性所来自的域，Dom 为属性向域的映像集合，F 为属性间数据的依赖关系集合。

属性间数据的依赖关系集合 F 实际上就是描述关系的元组语义，限定组成关系的各个元组必须满足的完整性约束条件。在实际当中，这些约束或者通过对属性取值范围的限定，如学生成绩必须在 0～100 之间，或者通过属性值间的相互关联（主要体现于值的相等与否）反映出来，后者称为数据依赖，它是数据库模式设计的关键。

关系是关系模式在某一时刻的状态或内容。关系模式是静态的、稳定的，关系是动态的，不同时刻关系模式中的关系可能会有所不同，但它们都必须满足关系模式中数据依赖关系集合 F 所指定的完整性约束条件。

由于在关系模式 R（U，D，Dom，F）中，影响数据库模式设计的主要是 U 和 F，D 和 Dom 对其影响不大，为了方便讨论，本任务将关系模式简化为一个三元组 R（U，F），当且仅当 U 上的一个关系 r 满足 R 时，r 称为关系模式 R（U，F）的一个关系。

二、关系模式的评价

关系模式的设计是关系数据库理论的核心内容，关系模式设计的目标是按照一定的原则从数量众多而又相互关联的数据中，构造出一组既能较好地反映现实世界，而又有良好的操作性能的关系模式。

在论述如何设计一个好的数据库模式之前，我们先来了解一下如果一个数据库设计得不好，即关系模式设计不好，将会出现什么问题。

【例 1】要求设计一个教学管理数据库，希望从该数据库中得到学生的学号、学生姓名、年龄、系名、系主任姓名、学生学习的课程和该课程的成绩等信息。若将这些信息设计为一个关系，关系模式为：教学（学号，姓名，年龄，系名，系主任，课程名，成绩），见表 15-1。

表 15-1　教学关系模式

学号	姓名	年龄	系名	系主任	课程名	成绩
98001	李华	21	计算机	王民	C 语言	90
98001	李华	21	计算机	王民	高等数学	80
98002	张平	22	计算机	王民	C 语言	65
98002	张平	22	计算机	王民	高等数学	70
98003	陈兵	21	数学	赵敏	高等数学	95
98003	陈兵	21	数学	赵敏	离散数学	75
99001	陆莉	23	物理	王珊	普通物理	85

以上关系存在下面几个问题。

● 数据冗余较大。一个学生只有一个姓名，但上面的表中若一个学生选几门课，则该学生的姓名就要重复几次。同样一个系也只有一个系主任，上表中系主任的姓名重复就更多了。

● 修改异常。假如计算机系的系主任换了，那么上表中的 4 条记录的系主任都需要修改，假如改得不一样，或少改一处，就会造成数据不一致。

● 插入异常。假如新成立了一个系：化工系，并且也有了系主任，但还没有招学生，所以不能在上表中插入化工系的记录，也就不能在数据库中保存化工系的系名和系主任的信息。同样，如果新增一门课，但还没有学生选修，也不能插入该课程。

● 删除异常。如果数学系的学生全毕业了，则需要删除该系的学生记录，但如果该系的学生全删除了，则该系的系名、系主任信息也从数据库中删除了。

鉴于存在以上 4 种问题，可以得出结论：教学关系模式不是一个好的模式。一个好的关系模式，除了能满足用户对信息存储和查询的基本要求外，还应具备下列条件：

● 尽可能少的数据冗余；

● 没有插入异常；

● 没有删除异常；

● 没有更新异常。

对于有问题的关系模式，可以通过模式分解的方法使之规范化，上述关系模式如果分解为以下三个关系则可以克服以上出现的问题：

学生（学号，姓名，年龄，系名）

系（系名，系主任）

选课（学号，课程名，成绩）

如何分解关系模式，分解的依据是什么？这就是本任务要讨论的问题。

一个关系模式之所以会产生上述问题，是由存在于模式中的某些数据依赖引起的。规范化理论正是用来改造关系模式的，通过分解关系模式来消除其中不合适的数据依赖，以解决插入异常、删除异常、更新异常和数据冗余问题。

第二节　函数依赖

一、数据依赖概述

数据依赖是指同一关系中属性值的相互依赖和相互制约，即一个关系中属性间值的相等与否体现出来的数据间的相互关系。例如学生的学号确定了，就可以确定其姓名及其他信息等，所以说学号可以决定一个学生。

数据依赖分函数依赖、多值依赖和连接依赖等，其中函数依赖是最基本的一种数据依赖。

二、函数依赖概述

设 R（U）是一个关系模式，U 是 R 的属性集合，X 和 Y 是 U 的子集。对于 R（U）的任意一个可能的关系 r，如果 r 中不存在两个元组，它们在 X 上的属性值相同，而在 Y 上的属性值不同，则称 X 函数确定 Y 或 Y 函数依赖于 X，记作 $X \xrightarrow{} Y$。其中 X 叫决定因素，Y 叫依赖因素。

简单地说，对于任意两个元组，如果它们的 X 属性组值相同，则它们的 Y 属性组值也相同，我们就说 X 函数确定 Y，或者说 Y 函数依赖于 X。

更简单的表达为：对于每一个确定的 X，Y 的值就被唯一地确定，则说 X 函数决定 Y，或者说 Y 函数依赖 X。

如关系模式：公民（身份证号，姓名，地址，工作单位），身份证号一旦确定，则其地址就唯一确定，因此身份证号函数决定地址。而姓名一旦确定，却不一定能决定地址，因为要考虑同名的情况。

对于函数依赖，需要说明以下几点。

● 函数依赖不是指关系模式 R 的某个或某些关系满足的约束条件，而是指 R 的所有关系均要满足的约束条件。

● 函数依赖和别的数据之间的依赖关系一样，是语义范畴的概念。我们只能根据数据的语义来确定函数依赖。例如，"姓名、年龄"这个函数依赖只有在没有同名人的条件下成立，如果有相同名字的人，则"年龄"就不再函数依赖于"姓名"了。

● 若 X→Y，则 X 称为这个函数依赖的决定属性集。

三、函数依赖的几种特例

1. 完全函数依赖与部分函数依赖

在关系模式 R（U）中，如果 X→Y，并且对于 X 的任何一个真子集 X'，都有 X'↛ Y，则称 Y 完全函数依赖于 X，记作 $X \xrightarrow{f} Y$。若 X→Y，但 Y 不完全函数依赖于 X，则称 Y 部分函数依赖于 X，记作 $X \xrightarrow{P} Y$。

例如：选课（学号，课程号，课程名，成绩），该关系中关键字是（学号，课程号），（学号，课程号）$\xrightarrow{f}$ 成绩，（学号，课程号）$\xrightarrow{P}$ 课程名，因为课程号→课程名。

课程名对关键字（学号，课程号）是部分依赖关系，因为课程名又是可以由课程号决定的。

推论：如果 X→Y，且 X 是单个属性，则 $X \xrightarrow{f} Y$。

2. 传递函数依赖

在关系模式 R（U）中，如果 X→Y，Y→Z 且 Y ⊄ X，Y 则称 Z 传递函数依赖于 X。

传递函数依赖定义中之所以要加上条件 Y ⊄ X，是因为如果 Y→X，则 X↔Y，这实际上是 Z 直接依赖于 X（X→Z），而不是传递函数依赖了。

例如：学生（学号，姓名，系名，系主任），显然系主任传递函数依赖于学号，因为学号→系名，系名→系主任。

3. 平凡函数依赖与非平凡函数依赖

在关系模式 R（U）中，对于 U 的子集 X 和 Y，如果 X→Y，但 Y⊄X，则称 X→Y 是非平凡函数依赖。若 Y⊆X 但 Y⊉X，则称 X→Y 是平凡函数依赖。若不特别声明，则讨论的是非平凡函数依赖。

4. 码

前面已经给出了关系模式的码的非形式化定义，这里使用函数依赖的概念来严格定义关系模式的码。

我们已经知道，如果某属性组的值能唯一确定整个元组的值，则称该属性组为码（或称为候选码）或关键字（或候选关键字）。

下面从函数依赖的角度定义码。

【定义 1】设 K 为关系模式 R（U，F）中的属性或属性组合，若 K⟶ᶠU，则 K 称为 R 的一个候选码（Candidate Key）（候选关键字或码）。若关系模式 R 有多个候选码，则选定其中的一个作为主码（Primary Key）。

码是关系模式中的一个重要概念。码能够唯一地标识关系的元组，是关系模式中一组最重要的属性。另一方面，主码又和外码一起提供了一个表示关系间联系的手段。

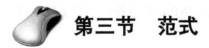 **第三节 范式**

范式是符合某一种级别的关系模式的集合。关系数据库中的关系必须满足一定的要求。不同范式满足不同程度要求。目前主要有 5 种范式：第一范式、第二范式、第三范式、BC 范式、第四范式。满足最低要求的是第一范式，简称为 1NF。在第一范式基础上进一步满足一些要求，便成为第二范式，简称为 2NF，以此类推。显然，各种范式之间存在联系：1NF ⊂ 2NF ⊂ 3NF ⊂ BCNF ⊂ 4NF ⊂ 5NF。

一、第一范式（1NF）

【定义 2】如果一个关系模式的所有属性都是不可分的基本数据项，则 R∈1NF。

在任何一个关系数据库系统中，第一范式是对关系模式的一个最低的要求。不满足第一范式的数据库模式不能称为关系数据库。

1NF 是规范化的最低要求，是关系模式要遵循的最基本的范式。不满足 1NF 的关系是非规范化的关系。

例如，表 15-2 所示的就是一种非规范化的关系模式，因为属性"身份"还可以再进行细分，分成性别和身份。因此，可以对表 15-2 进行横向展开，可转化为表 15-3 中的符合 1NF 的关系模式。

表 15-2　非规范化关系

姓名	身份	年龄
张三	男学生	17
李四	女教师	27
林林	女作家	29

表 15-3　消除可再分属性后的规范化关系

姓名	性别	身份	年龄
张三	男	学生	17
李四	女	教师	27
林林	女	作家	29

第一范式是作为一个关系模式的最低要求，必须要满足。但是，仅仅满足第一范式是不够的。如前面所讲的关系模式：

教学（学号，姓名，年龄，系名，系主任，课程名，成绩）

它满足第一范式，但存在较大数据冗余和插入、删除、修改异常。

二、第二范式（2NF）

【定义 3】若关系模式 R∈1NF，并且每一个非主属性都完全函数依赖于 R 的码，则 R∈2NF。

2NF 不允许关系模式的属性之间有这样的函数依赖：X→Y，其中 X 是码的真子集，Y 是非主属性。所以，码只包含一个属性的关系模式，如果属于 1NF，那么它一定属于 2NF。

【例 2】判断 R（教师编号，教师地址，课程号，课程名）是否属于第二范式。

码：（教师编号，课程号）

非主属性：教师地址，课程名

因为存在（教师编号，课程号）$\xrightarrow{P}$ 教师地址，所以此关系模式不属于第二范式。或者因为存在（教师编号，课程号）$\xrightarrow{P}$ 课程名，所以此关系模式不属于第二范式。综上所述，只要存在一个部分依赖，就可以证明该关系不属于第二范式。

【例 3】判断选课（学号，课程号，成绩）是否属于 2NF，假如规定一个学生的一门课只有一个成绩。

码：（学号，课程号）

非主属性：成绩

因为成绩完全函数依赖于（学号，课程号），所以属于 2NF。

【例 4】判断教师上课关系（教师编号，班级，课程）是否属于 2NF。假定一位教师给同一个班至多上一门课，一门课可以由多位教师上，一名老师也可上多门课。

码：（教师编号，班级）

非主属性：课程

因为非主属性课程完全函数依赖于（教师编号，班级），所以属于 2NF。

关系模式满足了 2NF 是不是就不存在异常呢？答案是否定的。比如例 5，可以看出，即使满足了 2NF 关系模式还是会存在很多问题的。

【例 5】学生（学号，姓名，年龄，系名，系主任，系办电话）。码是学号，非主属性是姓名、年龄、系名、系主任、系办电话。因为没有存在部分函数依赖，所以该关系模式满足 2NF 关系模式，但还存如下问题。

● 存在数据冗余：如果该系有 1000 名学生，则系名和系主任就要重复 1000 次。
● 存在插入异常：如果系刚成立，但没有学生时则是不能添加系的。
● 存在删除异常：如果某系学生全部毕业，那么系的信息丢失。
● 存在修改异常：如果系办电话改动，需要改动多处。

因此必须要有更高要求的范式。

三、第三范式（3NF）

【定义 4】如果关系模式 R（U，F）中不存在候选码 X、属性组 Y 以及非主属性 Z（Z ⊄ Y），使得 X→Y、Y→Z 成立，则 R∈3NF。

由定义可以证明，若 R∈3NF，则 R 的每一个非主属性既不部分函数依赖于候选码，也不传递函数依赖于候选码。所以，如果 R∈3NF，则 R 也属于 2NF。

【例 6】判断上述关系模式学生（学号，姓名，年龄，系名，系主任，系办电话）是否满足 3NF。

首先判断该关系模式的码以及非主属性。该关系的码是学号，剩余的属性都是非主属性。

接着判断是否属于 2NF。因为没有存在部分函数依赖，所以该范式属于 2NF（例 5 已证明）。

因为学号→系名，系名→系主任，所以系主任传递函数依赖于学号，即本关系模式不满足 3NF。

那么满足 3NF 的关系模式是不是就不存在异常呢？一般情况下是可以的，但有些特殊情况下依然还存在异常。

【例 7】教学（学号，教师编号，课程号），假定每一位教师只能讲一门课，每门课由若干教师讲授，每个学生选修某门课时就对应一位固定的教师。

码：（学号，教师编号）或（学号，课程号），三个属性都是主属性，没有非主属性，所以既不存在部分函数依赖，满足 2NF，也不存在传递函数依赖，所以该关系模式属于

3NF。

但该关系模式还存在数据冗余和存储异常。

- 插入异常：无法存储不选课的学生和不开课的教师。
- 删除异常：无法删除一个学生的选课信息，否则学生也要被删除。
- 更新异常：教授某门课的某位教师换了，则选该教师的所有记录均需修改。
- 数据冗余较大：一个学生选多门课，需重复存放该学生的信息。

问题存在的原因是主属性部分函数依赖于码（2NF 和 3NF 的要求是非主属性对码的要求，而不是主属性对码的要求），如（学号，教师编号）→课程号，而教师编号→课程号，所以课程号部分依赖于码（学号，教师编号）。因此，还需要有更高的范式来规范。

四、BC 范式（BCNF）

BCNF 是由 Boyce 和 Codd 共同提出的，比上述的 3NF 又进了一步，通常认为 BCNF 是修正的第三范式，有时也称为扩充的第三范式。

【定义 5】设关系模式 R（U，F）∈1NF。若 X→Y 且 Y⊄X 时 X 必含有码，则 R（U，F）∈BCNF。

也就是说，关系模式 R（U，F）中，若每一个决定因素都包含码，则 R（U，F）∈BCNF。决定因素是指当 X→Y 时 Y 值由 X 值决定，那么 X 就称为决定因素。

由 BCNF 的定义可以得到结论，一个满足 BCNF 的关系模式有以下要求。

要求 1：所有非主属性都完全函数依赖于每个候选码。

要求 2：所有主属性都完全函数依赖于每个不包含它的候选码。

要求 3：没有任何属性完全函数依赖于非码的任何一组属性。

2NF、3NF 分别消除了非主属性对码的部分函数依赖和传递函数依赖，而 BCNF 在 3NF 的基础上消除了主属性对码的部分函数依赖，因此如果 R∈BCNF，则 R∈3NF，反之则不成立。

假设关系模式 SJP（S，J，P），其中 S 表示学生，J 表示课程，P 表示名次。学生没有重名，则每一个学生每门课程有一定的名次，每门课程中每一名次只有一个学生。由语义得到下面的函数依赖：

$$（S，J）→P，（J，P）→S$$

可见，（S，J）与（J，P）都是关键字。这两个关键字各由两个属性组成，而且它们是相交的。这个关系模式中显然不存在非主属性对关键字部分函数依赖或传递函数依赖。所以 SJP 属于 3NF。此外，除（S，J）与（J，P）以外没有其他决定因素，所以 SJP 关系模式同时也属于 BCNF。

五、多值依赖及 4NF

前面是在函数依赖的范畴内讨论关系模式的范式问题。如果仅考虑函数依赖这一种数据依赖，属于 BCNF 的关系模式已经比较完美。但如果考虑到其他数据依赖，如多值依赖，属于 BCNF 的关系模式仍存在问题，不能算作是一个完美的关系模式。例如，某学校中一门课由多位教师讲授，他们使用相应的几种参考书，关系模式为讲课（课程名，教师，参考书）。

该关系可用二维表表示如表 15-4 所示。

表 15-4　讲课表

课程名	教师	参考书
数学	邓军	数学分析
数学	邓军	高等代数
数学	邓军	微分方程
数学	陈斯	数学分析
数学	陈斯	高等代数
数学	陈斯	微分方程
物理	李平	普通物理学
物理	李平	光学物理
物理	王强	普通物理学
物理	王强	光学物理
物理	刘明	普通物理学
物理	刘明	光学物理
…	…	…

关系模式讲课具有唯一候选码（课程名，教师，参考书），即全码。因而讲课属于 BCNF。

但是当某一课程（如物理）增加一名教师（如李兰）时，由于存在多本参考书，所以必须插入多个元组：（物理，李兰，普通物理学）、（物理，李兰，光学原理）、（物理，李兰物理习题集）。同样，要去掉一门课，也需要删除多个元组。

综上，可以看出，在讲课表中，存在着称为多值依赖的数据依赖。

【定义 6】R（U）是一个属性集 U 上的一个关系模式，X、Y、Z 是 U 的子集，并且 Z=U−X−Y。关系模式 R 中多值依赖 X→→Y 成立，当且仅当对于 R 的任一关系 r，给定的一对（X，Z）值，有一组 Y 的值，这组值仅仅决定于 X 值而与 Z 值无关。

在上述的关系模式讲课中，教师多值依赖于课程，即课程→→教师。即对于一个（物理，光学物理）有一组教师值（李勇，王军），这组值仅仅决定于课程上的值，即物理。这就是多值依赖。

若 X→→Y，而 Z=φ（即 Z 为空），则称 X→→Y 为平凡的多值依赖；反之即为非平凡的多值依赖。

例如，学生（学号，同室学友学号，爱好），学号→→同室学友学号不能成立。再例如，学生借书（学号，书号，日期），学号→→书号也是不成立的，因为书号与日期有关。

【定义 7】关系模式 R（U，F）∈1NF，如果对于 R 的每个平凡的多值依赖 X→→Y，X 都含有码，则称 R（U，F）∈4NF。

根据定义，4NF 要求每一个非平凡的多值依赖 X→→Y，X 含有关键字，所以 X 唯一决定 Y，即 X→Y，X→→Y，变成了 X→Y，所以 4NF 所允许的非平凡多值依赖实际上是函数依赖，换言之，4NF 不允许有非平凡且非函数依赖的多值依赖。

【例 8】讲课（课程名，教师，参考书），码（课程名，教师，参考书）。有多值依赖：课程名→→教师，课程名→→参考书。

由于课程名不是码，所以该关系模式不属于 4NF。

讲课（课程名，教师，参考书）分解为：

讲课（课程名，教师）

课程（课程名，参考书）

由于关系模式讲课和课程只存在平凡的多值依赖，均不存在非平凡的多值依赖，所以均属 4NF。

六、第五范式（5NF）

如果只考虑函数依赖，则 BCNF 是完美的。但如果考虑多值依赖，则 4NF 是完美的。但事实上，数据依赖还有一种情况，即连接依赖。连接依赖涉及几个关系的连接运算。在个别情况下，几个表连接运算时会出现存储异常。在这种情况下，要求达到第五范式的要求。到目前为止，5NF 是最高的范式，达到真正的完美。

【定义 8】如果关系模式 R 中的每一个连接依赖均由 R 的候选码所隐含，则 R∈5NF。

所谓"R 中的每一个连接依赖均由 R 的候选码所隐含"是指在连接时，所连接的属性均为候选码。从定义中可以知道，它要消除连接依赖，并且必须保证数据完整。

设关系模式 SPJ（SNO，PNO，JNO），其中 SNO 表示供应者号，PNO 表示零件号，JNO 表示项目号。设有关系 SPJ，如果将 SPJ 模式分解为 SP、PJ 和 JS，并进行 SP ⋈PJ 及 SP ⋈PJ ⋈JS 的自然连接，其操作数据及连接结果如表 15-5～表 15-10 所示（"⋈"符号为连接符）。

表 15-5 SPJ（SNO，PNO，JNO）

SNO	PNO	JNO
S1	P1	J2
S1	P2	J1
S2	P1	J1
S1	P1	J1

表 15-6 SP（SNO，PNO）

SNO	PNO
S1	P1
S1	P2
S2	P1

表 15-7 PJ（PNO，JNO）

SNO	PNO
S1	P1
S1	P2
S2	P1

表 15-8 JS（JNO，SNO）

JNO	SNO
J2	S1
J1	S1
J2	S2

表 15-9 SP ⋈PJ⋈JS

SNO	PNO	JNO
S1	P1	J2
S1	P2	J1
S2	P1	J1
S1	P1	J1

表 15-10 SP ⋈P

SNO	PNO	JNO
S1	P1	J2
S1	P1	J1
S1	P2	J2
S1	P2	J1
S2	P1	J2
S2	P1	J1

上例中，因为它仅有的候选码（SNO，PNO，JNO）肯定不是它的三个投影 SP、PJ、JS 自然连接的公共属性，所以 SPJ 不属于 5NF。

诚然，规范化程度过低的关系可能会存在插入异常、删除异常、修改复杂、数据冗余等问题，需要对其进行规范化，转换成高级范式。但这并不意味着规范化程度越高的关系模式就越好。在设计数据库模式结构时，必须对现实世界的实际情况和用户应用需求做进一步分析，确定一个合适的、能够反映现实世界的模式。这也就是说，上面的规范化步骤可以在其中任何一步终止。

七、关系模式的规范化

规范化的基本思想是逐步消除数据依赖中不合适的部分，使模式中的各关系模式达到某种程度的"分离"，即"一事一地"的模式设计原则。

通过对关系模式进行规范化，可以逐步消除数据依赖中不合适的部分，使关系模式达到更高的规范化程度。关系模式的规范化过程是通过对关系模式的分解来实现的，即把低一级的关系模式分解为若干个高一级的关系模式。关系模式的规范化过程可以用图 15-1 来表示。

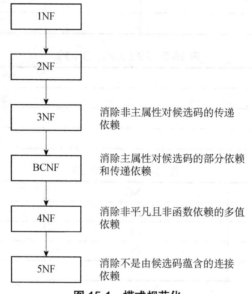

图 15-1　模式规范化

关系模式的规范化过程是通过模式分解来实现的，而这种分解并不是唯一的。有兴趣的学习者可以继续学习关系模式的分解算法。

实训

一、名词解释

函数依赖　　　　　1NF　　　　　　2NF　　　　　　3NF　　　　　　BCNF：

二、填空题

1．关系数据库的规范化理论是数据库_____设计的一个有力工具。

2．X→Y，则 X 称为_____因素，Y 称为_____因素。

3．_____是一个可用的关系模式应满足的最低范式。

三、单选题

1．（学号，姓名）→姓名，这是（　　　　）。

A．完全函数依赖　　　　　　　　　　　　B．平凡函数依赖

C．非平凡函数依赖　　　　　　　　D．传递函数依赖

2．（读者号，书号）→读者姓名，这是（　　　）。

A．完全函数依赖　　　　　　　　　B．部分函数依赖

C．平凡函数依赖　　　　　　　　　D．传递函数依赖

3．现有关系：比赛（比赛日期，球队编号，球队名称，队长，比赛成绩）。假定一只球队一天只参加一场比赛，则候选码是（　　　）。

A．球队编号　　　　　　　　　　　B．球队编号，球队名称

C．比赛日期，球队编号　　　　　　D．球队编号，比赛成绩

四、判断题

1．3NF 是函数依赖范围内能够达到的最彻底的分解。（　　　）

2．函数依赖关系是属性间的一种一对一的关系。（　　　）

3．如果 R 只有一个候选码，且 R ∈3NF，则 R 必属于 BCNF。（　　　）

4．对于关系 R，如果候选码是单个属性，则 R∈2NF。（　　　）